"十三五"职业教育国家规划教材

光电子技术基础与技能

（第2版）

陈振源　总主编

陈克香　主　编

陈　忠　主　审

電子工業出版社

Publishing House of Electronics Industry

北京·BEIJING

内容简介

本书分 6 章，主要包括光电基础知识，激光技术、红外技术、光电转换现象和图像显示器件、光纤通信技术等实用技术的基础知识及其在各方面的应用，以及光电技术的新发展等内容。本书旨在为光电技术专业其他课程提供基础知识，为学习本专业奠定必要的基础。

本书是理论和实践相结合的一体化教材，设计了 9 个技能实训项目。由于光电子技术的内容广泛，因此本书设计了知识拓展以使内容更加丰富。同时本书注重应用，介绍了大量的应用实例。

本书既可作为职业院校光电和电子专业的教材，也可作为相关技术人员的参考用书。

未经许可，不得以任何方式复制或抄袭本书之部分或全部内容。

版权所有，侵权必究。

图书在版编目（CIP）数据

光电子技术基础与技能/陈克香主编. —2 版. —北京：电子工业出版社，2017.11
ISBN 978-7-121-32545-8

I. ①光… II. ①陈… III. ①光电子技术－职业教育－教材 IV. ①TN2

中国版本图书馆 CIP 数据核字（2017）第 203893 号

策划编辑：张　凌
责任编辑：张　凌
印　　刷：涿州市般润文化传播有限公司
装　　订：涿州市般润文化传播有限公司
出版发行：电子工业出版社
　　　　　北京市海淀区万寿路 173 信箱　邮编 100036
开　　本：787×1092　1/16　印张：11　字数：281.6 千字
版　　次：2011 年 4 月第 1 版
　　　　　2017 年 11 月第 2 版
印　　次：2024 年 8 月第 8 次印刷
定　　价：29.00 元

凡所购买电子工业出版社图书有缺损问题，请向购买书店调换。若书店售缺，请与本社发行部联系，联系及邮购电话：（010）88254888，88258888。

质量投诉请发邮件至 zlts@phei.com.cn，盗版侵权举报请发邮件至 dbqq@phei.com.cn。

本书咨询联系方式：（010）88254583，zling@phei.com.cn。

P 前言
PREFACE

光电技术专业的教材多数是面向大学本科读者的，运用于大专的较少，而适用于中职学生的几乎没有，这些教材理论性很强，难度较大。随着光电技术的发展，光电技术的应用越来越广泛。光电技术的应用逐渐深入生活、工业、农业、军事、医疗等各个方面，企业越来越需要中等职业学校的毕业生到光电产品生产部门从事操作和技术工作，很多电子专业和光电专业需要开设光电子技术基础这门课，需要有适合中职学生的教材。为了满足这一要求，我们编写了这本适用于中职学生的《光电子技术基础与技能》教材，编写时，在内容的安排和深度的把握上，坚持传授必备的理论知识，力求结合实际，讲解各领域的应用实例。本书既适合中职学生使用，又可作为从事光电技术的专业人员提供参考。

本教材内容充实，从光电基础知识到光纤通信技术，涉及面十分广泛，为学生后续专业课程的学习奠定了必要的基础。本书的编写有以下几个特点。

1．在内容选取上，以知识够用为原则，坚持与生产实际紧密结合；以能力为本位，注重新知识、新技术、新工艺的讲解。

2．在教材体系设计上，坚持知识和技能的科学性，追求教学内容的合理性、实用性和适用性；理论知识的学习和技能相互融合，设计了 9 个技能训练项目及知识拓展、应用提示等，教师和学生可以双向互动，符合中职学生的认知规律。

3．在教材形式上，根据中职学生认知特点和教材内容的特点，采用图文并茂的方式，将烦琐的知识用图表形式呈现出来。

4．为方便教学，教材还配备了电子教案、PPT 课件和习题解答。

完成本教材的学习需要 64 学时，其各章节的学时安排如下表所示。

教学章节	建议学时	合计学时
第 1 章　光电基础知识	12	
第 2 章　激光技术	12	
第 3 章　红外技术	10	
第 4 章　光电转换现象和图像显示器件	14	64
第 5 章　光纤通信技术	12	
第 6 章　光电技术的新发展	4	

　　本系列教材由陈振源担任总主编，并负责整体规划和教材样例的设计。陈克香担任本教材主编并承担第 1、2 章和第 4 章 4.1、4.4、4.5 节的编写，第 3、6 章和第 4 章的 4.3 节由李传由编写，第 5 章和第 4 章的 4.2 节由叶绿编写。全书由陈忠主审。

　　由于作者能力有限，错误和不足之处在所难免，诚望广大读者提出宝贵意见，以便进一步修改完善。

编　者

C目录
CONTENTS

VII

第1章

光电基础知识

1.1 光电子技术概述

光电子技术是一门综合性技术，它集光学、机械与电子于一身。光电子技术涉及光电效应和电光效应。光能转换成电能即光电效应，电能转换成光能即电光效应。光电子技术与其他学科互相融合渗透，用途广泛。如信息光电子技术是一个很重要的发展方向，还有在通信、国防、工业、医疗、生物、生活等各个方面都广泛应用了光电子技术，如激光加工、医疗激光手术、激光照相、激光印刷、激光通信等，光纤通信、各类图像显示器、LED 照明、红外线应用等都是光电子技术的应用实例。

光电材料位于光电产业链的最上游，是发展光电产业的先导和基础，其内涵十分丰富，几乎涵盖电子信息材料所有领域。未来，随着光电子技术在高科技领域应用的拓展，光电新材料的需求将持续增长。不断研制出新的光电器件，如发光（电变光）和受光（光变电）器件及其组件（如光电接口器）是现代一切电子产品不可缺少的部件。发光器件：LED（发光二极管）指示灯、LED 显示器、激光 LED、红外 LED；受光器件：光电（光敏）二极管、光电（光敏）晶体管、光电（光敏）集成电路；组合器件：外光路光电耦合器（光电断续检测器）、内光路光电耦合器、IrDA（红外连接技术）收发信组件、光电 MOS 开关、光电固态继电器（SSR）等。

知识拓展

新型光电材料——芳基硼烷

德国某大学的科学家开发了一种具有良好电子、化学和光学特性的新材料。这种新型的蓝色荧光色剂是 OLED 的一个核心部件，特别适合用于有机发光二极管（简称 OLED）。

这种新开发的化合物材料主要为具有蓝色荧光性的芳基硼烷（波长约为 450nm）。这种化合物在溶液和固体中都能产出较多的发光量子，其中发光效率在溶液中达到 90%，在固体中约为 50%。这种化合物在环境影响（如氧气、湿度及电气化学的减少）下十分稳定。另外，这种化合物可溶于有机溶剂并升华。

运用一些成本低廉的化学物质，经过 6~8 个步骤即可合成这一化合物。借助化学反应剂可以改变化合物的结构并优化其性质。

技能训练 1　光电实训设备及场所参观认识

1．技能训练目的

熟悉实验场所、实验室的设备和仪器、器件等，对光电实验室有一个比较全面的了解。

2．技能训练器材

光电实验室最基本的设备和器件如表 1-1 所示。

表 1-1　光电实验室最基本的设备和器件

序 号	器 材 名 称	器材图片或电路结构
1	半导体发光器件	环氧树脂透镜/封装 导线 反射碗 半导体芯片 阴极接线柱 阳极接线柱（基底） 底板 阳极 正极　阴极 负极
2	发光二极管（LED）的驱动电源	
3	激光二极管（LD）Felles 1064nm 及驱动电源 LT-LD	
4	光电探测器及驱动电源	
5	光电三极管	
6	光敏电阻	
7	硅光电池	
8	雪崩管（APD）	

续表

序 号	器 材 名 称	器材图片或电路结构
9	光电倍增管（PMT）	 
10	光栅单色仪一套	 与特性测试仪相连的线 被测器件插入孔　调孔的大小　单色仪与计算机的连接线
11	透镜	
12	卤钨灯及其电源一套	
13	计算机实验软件	
14	实验组合光学系统及平台	

003

3．技能训练内容

（1）熟悉光电实验室设备的名称和外形。

（2）安装和熟悉计算机实验软件。

4．实验步骤

（1）光电特性综合实验系统 CSY 配套软件的使用。

① 软件的安装。

根据软件安装光盘的提示安装即可。

② 软件的使用。

a．双击软件图标 　，即打开光电特性综合实验系统（CSY–10E）的配套软件。

b．实验时软件的使用，如下所示。

各部分实验对应软件界面中不同的标签页，每个标签页的左侧为数据表，右侧为与数据表对应的曲线图，右下角为单色仪控制部分，如图 1-1 所示，用于启动和调整单色仪。软件的使用细节将在各个实验中具体介绍。

（2）各设备和器件的名称认识。

根据各学校的实验室情况认识各设备和器件，基本的设备和器件如表 1-1 所示，包括 5

大部分。

① 发光光源（低压汞灯、卤钨灯，如图 1-2 所示）。

② 透镜，如图 1-3 所示。

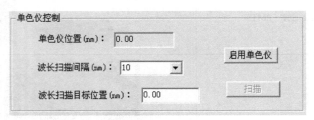

图 1-1　单色仪控制部分

图 1-2　卤钨灯

图 1-3　透镜

③ 光电器件（发光二极管、激光二极管、光电二极管、光敏电阻、硅光电池、PIN 二极管、雪崩光电二极管、光电倍增管）。

④ 单色仪（如图 1-4 所示）、计算机软件等数据分析处理三大部分。

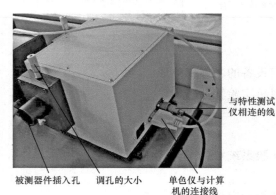

图 1-4　单色仪

⑤ 光电特性测试箱。

 思考与练习 1-1

（1）光电子技术有_____、_____、_____、_____、_____、_____方面的应用。

（2）光电实验室主要有哪些设备？

1.2　光学基础知识

光学基础知识包括各种光学现象、光谱学基础知识、光学参数。

1.2.1　反射、全反射、折射

1. 光的反射

（1）反射现象

光在均匀介质中是沿直线传播的。光在两种物质分界面上改变传播方向又返回原来的物质中的现象，叫做光的反射。如图 1-5 所示为光的反射现象示意图。

（2）光的反射定律

反射光线与入射光线、法线在同一平面上；反射光线和入射光线分居在法线的两侧；反射角 $\theta_{出}$ 等于入射角 $\theta_{入}$。如图 1-6 所示为光的反射定律示意图。

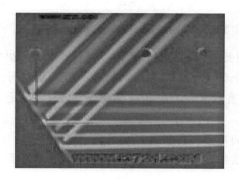

图 1-5　光的反射现象示意图

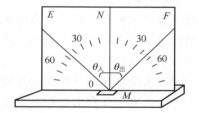

图 1-6　光的反射定律示意图

光的反射可归纳为"三线共面，两线分居，两角相等"（$\theta_{入} = \theta_{出}$）。

在光线垂直入射的特殊情况下，入射角和反射角都是 0°，法线、入射光线、反射光线合为一线。可理解为"两角零度，三线合一"。

（3）两种反射现象

① 镜面反射：反射面是光滑平面（如镜子），平行光线经界面反射后沿某一方向平行射出。如图 1-7（a）所示为镜面反射示意图，只能在某一方向接收到反射光线。

② 漫反射：反射面是粗糙平面或曲面，平行光线经界面反射后向各个不同的方向反射出去，如图 1-7（b）所示为漫反射示意图，即在各个不同的方向都能接收到反射光线。

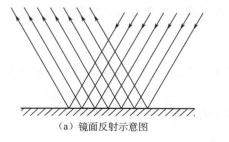

（a）镜面反射示意图

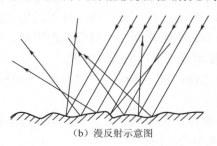

（b）漫反射示意图

图 1-7　两种反射示意图

【注意】无论镜面反射还是漫反射，都遵循光的反射定律，在光的反射中光路是可逆的。

应用提示

（1）潜艇里用的潜望镜是光的反射现象的应用。

潜望镜是利用相互平行且与水平方向成 45°角的两块平面镜两次成像来观察物体的，欲知人眼看到的物体 AB 的像的性质，可通过平面镜成像特点做出成像情况，如图 1-8 所示。

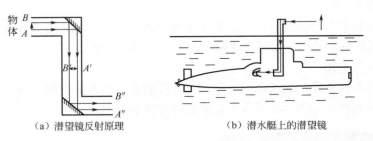

（a）潜望镜反射原理　　　　　　　　（b）潜水艇上的潜望镜

图 1-8　潜望镜原理

由图可知，竖直放置的物体经过第一个镜面所成的像 A'B' 呈水平放置；此时 A'B' 正对着第二个镜面，它又作为物体通过第二个镜面成像。由于两镜面平行，所以所成的像 A"B" 相对于 A'B' 又转过 90°，变回竖直放置，A"B" 相对于物体 AB 而言，是正立、等大的虚像。

（2）生活中用的穿衣镜是光的镜面反射的应用，照镜者可以看到自己的像。

（3）在电影院看电影和水幕电影，光线在银幕上产生漫反射，使得坐在不同位置的观众均可看到清晰的电影图像。

（4）用烟盒里的铝箔纸做成的反射镜对光线造成的反射是漫反射。

2．光的折射

光的折射现象在生活中经常可以碰到，这给我们的生活带来了很多便利和精彩，但有时候不了解折射现象，也会造成一些麻烦。

（1）折射现象

当光射到两种介质的交界面上时，有一部分光会产生反射，如果光线进入到的第二种介质是不透明的，那么另一部分光会被吸收，但是如果光线进入到的第二种介质是透明的，比如从空气中射入水中或者玻璃中，另一部分光就要进入水中或者玻璃中传播，光从一种介质斜射入另一种介质时，或在同一种不均匀介质中传播，传播方向一般会发生变化，这种现象叫光的折射。下面是两个折射现象的实例。

① 硬币放入水中的折射现象。

实验方法：将一枚硬币放进水中，待硬币静止不动时，分别从水面上和杯子侧面观察硬币的位置。

实验结论：硬币的实际位置比从水面上看上去的深，如图 1-9 所示。

② 水中的鱼的折射现象。

实验方法：准备一个比较深的大鱼缸，里面放入几条鱼，让学生伸手抓鱼，并让学生谈

一下感受。

实验结论：鱼的实际位置比看上去的深，如图 1-10 所示（A 为鱼的实际位置，A' 为看上去鱼的位置。在生活中，渔民叉鱼时，要向看到的鱼的前下方叉，方可捕到鱼）。

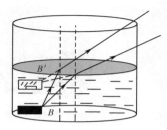 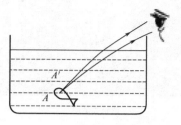

图 1-9　硬币放入水中的折射现象　　　　图 1-10　水中的鱼的折射现象

（2）折射定律

光从空气中斜射入水中或其他介质中时，折射光线与入射光线、法线在同一平面上；折射光线和入射光线分居法线两侧；折射角小于入射角，如图 1-11 所示为光从空气中斜射入水中的示意图。入射角增大时，折射角也随着增大；当光线垂直射向不同介质交界表面时，传播方向不变，如图 1-12 所示为光从空气中垂直射入水中的示意图。光从水中斜射入空气中时，折射角大于入射角，如图 1-13 所示为光从水中斜射入空气中的传播示意图。

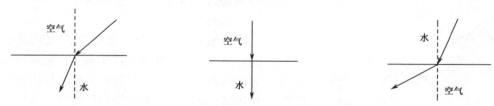

图 1-11　光从空气中斜射入水中　图 1-12　光从空气中垂直射入水中　图 1-13　光从水中斜射入空气中

设入射介质的折射率为 n_1，折射介质的折射率为 n_2，入射角为 θ_1，折射角为 θ_2，则 $\sin\theta_1 : \sin\theta_2 = n_2 : n_1$，这就是光的折射定律的数学表达式，如图 1-14 所示为光的折射定律。

（3）折射的应用

① 水中观察空中敌机。

一艘潜水艇中的军事人员侦察到潜水艇上空有飞机飞行，如图 1-15 所示，军事人员看到的飞机位置比飞机的实际位置要高一些。

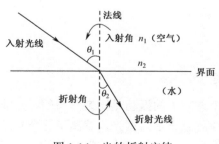 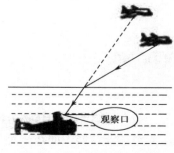

图 1-14　光的折射定律　　　　　　　图 1-15　水中观察空中敌机

② 透镜成像也是折射的应用。

如图 1-16 所示为透镜折射成像的应用，照相机、望远镜等都是通过透镜成像来实现其产品功能的。

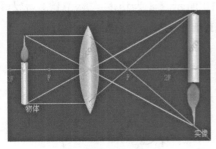
（a）透镜成像图

（b）折射式望远镜

（c）折射成像的照相机

图 1-16　透镜折射成像应用

1.2.2　光的偏振

1. 光的偏振现象

　　光是一种电磁波，是由与传播方向垂直的电场和磁场交替转换的振动形成的，光波中的电振动矢量 E 和磁振动矢量 H 与光的传播速度 v 三者方向互相垂直。这种振动方向与传播方向垂直的波称为横波，只有横波才能产生偏振现象。

　　横波有一个特性，就是它的振动是有极性的。在与传播方向垂直的平面上，它可以向任意方向振动。由于光波对物质的磁场作用远比电场作用弱，所以讨论光波振动性质时通常只考虑电场，将电矢量称为光矢量。一般把光波电场的振动方向作为光的振动方向。如果一束光线都在同一方向上振动，就称它们是偏振光，或称为完全偏振光，如图 1-17 所示。

图 1-17　偏振光原理图

　　偏振光有时会给照相带来不利，如玻璃表面的反射光，使我们从某些角度无法拍摄到玻璃橱窗里面的东西，水面的反射光使我们拍摄不到水中的鱼，树叶表面的反射光使树叶变成白色等。晴空的蓝天在与太阳光线方向成 90° 的方向散射的也是偏振光，它使蓝天变得不那么幽深。

知识拓展

光 的 分 类

　　自然光一般在垂直于光线传播方向的平面内各个方向上的振动是均匀分布的，是非偏振光。但是，光滑的非金属表面在一定角度下反射形成的眩光是偏振光，偏离了这个角度，就会有部分非偏振光混杂在偏振光里，称这种光线为部分偏振光。部分偏振光其偏振程度会有所不同，偏离的角度越大，偏振光的成分越少，最终成为非偏振光。

1．非偏振光——自然光

在垂直于光传播方向的平面上，光矢量在各个可能方向上的取向是均匀的，光矢量的大小、方向具有无规律变化性，这种光称为自然光，也称为非偏振光，其三维图如图 1-18（a）所示。自然光的表示方法即二维图如图 1-18（b）所示，图中用短线和圆点分别表示在纸面内和垂直于纸面的光振动。

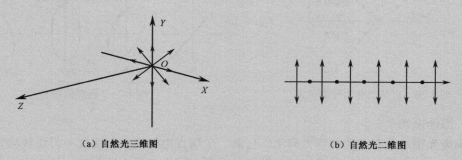

（a）自然光三维图　　　　　　　　　　　（b）自然光二维图

图 1-18　自然光

自然光可以沿着与光传播方向垂直的任意方向上分解成两束振动方向相互垂直、振幅相等、无固定相位差的非相干光。

2．偏振光

（1）线偏振光

光矢量端点的轨迹为直线，即光矢量只沿着一个固定的方向振动，其大小、方向不变，称为线偏振光，如图 1-19（a）中 X、Y 面为振动面，Z 轴方向是光传播方向；图 1-19（b）中水平方向为光传播方向，垂直方向为振动方向。大多数光源发出的光线均为自然光，需要经过下列措施才能获得线偏振光。在自然光传播方向上放置一个起偏振器件，只有一个方向的偏振光能够通过这个器件，这样就得到了线偏振光，线偏振光的振动方向是确定的。另外，自然光经过其他介质和电介质的交界面时，在电介质界面上发生反射和折射，一般情况下反射光和折射光都是部分偏振光，只有当入射角为某特定角时反射光才是线偏振光，即反射光与折射光互相垂直，如图 1-20 所示。

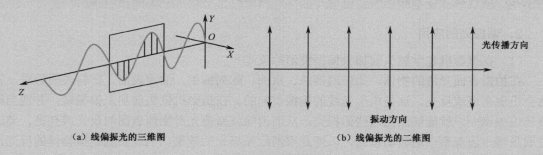

（a）线偏振光的三维图　　　　　　　　　（b）线偏振光的二维图

图 1-19　线偏振光

（2）椭圆偏振光

椭圆偏振光指的是在光的传播方向上，任意一个场点电矢量既改变它的大小又以角速度 ω（即光波的圆频率）均匀转动它的方向，光矢量端点的轨迹为一个椭圆，即光矢量不断旋转，其大小、方向随时间有规律地变化，如图 1-21 所示。

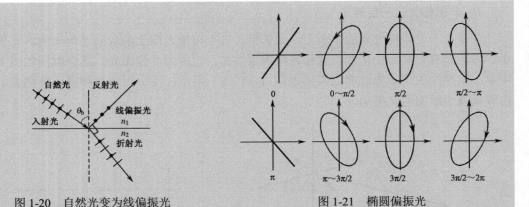

图 1-20　自然光变为线偏振光　　　　　　图 1-21　椭圆偏振光

（3）圆偏振光

圆偏振光指的是在光的传播方向上，任意一个场点电矢量以角速度 ω 匀速转动它的方向但大小不变，或者说，光矢量端点的轨迹为一个圆，即光矢量不断旋转，其大小不变，但方向随时间有规律地变化。圆偏振光实际上是椭圆偏振光的一个特例。

3．部分偏振光

在垂直于光传播方向的平面上，含有各种振动方向的光矢量，但光矢量振动在某一方向更显著，不难看出，自然光和部分偏振光是由许多振动方向不同的线偏振光组成的，如图 1-22 所示。

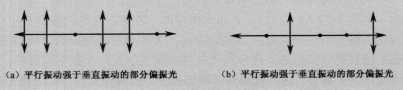

（a）平行振动强于垂直振动的部分偏振光　　　　　（b）平行振动强于垂直振动的部分偏振光

图 1-22　部分偏振光

如果有一个光学元件能以某种方式选择自然光中的一束平面偏振光，而摒弃另一束平面偏振光，这种器件称为起偏器。自然光经过起偏器后可以转变成平面偏振光。

2．偏振光的应用

（1）在摄影机光学镜头前加上偏振镜消除反光

在拍摄表面光滑的物体，如玻璃器皿、水面、陈列橱柜、油漆表面、塑料表面等时，常常会出现亮斑或反光，这是由于光线的偏振引起的。在摄影机镜头前加上偏振镜，并适当地旋转偏振镜面，就能够阻挡这些偏振光，从而消除或减弱光滑物体表面的反光或亮斑。要通过取景器一边观察一边转动镜面，以便观察消除偏振光的效果。当观察到被摄物体的反光消失时，即可停止转动镜面。

如图 1-23（a）所示，这张照片拍摄时没有加偏振滤镜，玻璃面上的反射光现象很明显。此照片拍摄时相机指向与玻璃面大约成 45° 角。如图 1-23（b）所示的照片是加上偏振滤镜后拍摄的，相机指向与玻璃面仍然是 45° 角左右。可以看出，虽然偏振滤镜消去了大部分的反射光，但是仍然有一部分反射光存在。这是因为在 45° 角时，玻璃面上的反射光是部分偏振光，偏振滤镜无法把这样的反射光全部滤去。如图 1-23（c）所示，在拍摄时调整了相机的位置，使相机与玻璃面的夹角大约为 55°，从玻璃面上反射的光线是线偏振光，用偏振滤镜可以把反射光几乎全部滤去。从这几张照片中可以看出，只有以合适的角入射的光线，其反射光才会是线偏振光。

（a）没加偏振滤镜　　　　　（b）加偏振滤镜角度没调到最佳　　　　　（c）加偏振滤镜角度调到最佳

图 1-23　偏振滤镜消除反光

（2）摄影时调整天空亮度的影响，使蓝天变暗

由于蓝天中存在大量的偏振光，所以用偏振镜能够调节天空亮度的影响。加用偏振镜以后，蓝天变得很暗，突出了蓝天中的白云。偏振镜是灰色的，所以在黑白和彩色摄影中均可以使用。

（3）使用偏振镜看立体电影

在观看立体电影时，观众要戴上一副特制的眼镜，如图 1-24 所示。这副眼镜就是一对偏振方向互相垂直的偏振片。立体电影是用两个镜头如人眼那样从两个不同方向同时拍摄下景物的像，制成电影胶片。在放映时，通过两个放映机，把用两个摄影机拍下的两组胶片同步放映，使这略有差别的两幅图像重叠在银幕上。这时如果用眼睛直接观看，看到的画面是模糊不清的，要看到立体电影，就要在每架电影

图 1-24　偏振眼镜（3D 眼镜）

机前装一块偏振片，它的作用相当于起偏器。从两架放映机射出的光，通过偏振片后，就成了偏振光，左、右两架放映机前偏振片的偏振方向互相垂直，因而产生的两束偏振光的偏振方向也互相垂直。这两束偏振光投射到银幕上再反射到观众处，偏振光的偏振方向不改变，观众用上述偏振眼镜观看，每只眼睛只看到相应的偏振光形成的图像，即左眼只能看到左机映出的画面，右眼只能看到右机映出的画面，这样就会像直接观看物体那样产生立体感觉，这就是立体电影的原理。当然，实际放映立体电影是用一个镜头，两套图像交替地印在同一电影胶片上，还需要一套复杂的装置，此处不再赘述。

1.2.3　光的干涉

1．光的干涉现象

（1）干涉图样

两列光波的干涉与两列水波的干涉是相似的。满足一定条件的两列水波相遇叠加，水波在叠加区域某些点的水振动始终加强，某些点的水振动始终减弱，如图 1-25 所示为水波的干

涉图样。满足一定条件的两列相干光波相遇叠加，在叠加区域某些点的光振动始终加强，某些点的光振动始终减弱，即在干涉区域内振动强度有稳定的空间分布，出现明暗相间的条纹。如图 1-26 所示为光的干涉图样。

图 1-25　水波的干涉图样

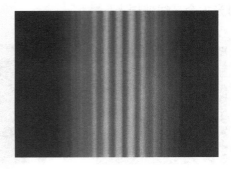

图 1-26　光的干涉图样

（2）水波干涉演示实验

将两根细金属丝固定在薄钢片上（或者专门的水波发生水槽），使两根金属丝刚好接触水面。当钢片上下振动时，金属丝周期性接触水面，就产生了频率和振动方向都相同的两列水波。

这两列水波相遇后，在重叠的区域出现如图 1-25 所示的图样。在振动的水面上，出现了一条条相对平静的区域和相对激烈振动的区域，这两种区域在水面上的位置是固定的。

怎样解释上面观察到的现象呢？

如图 1-27 所示为水波干涉示意图，用两组同心圆分别表示从波源 S_1、S_2 发出的两列波，实线和虚线分别表示波峰和波谷。实线和虚线间的距离等于半个波长，实线和实线间、虚线和虚线间的距离等于一个波长。某一时刻在水面的某一点，如果两列波的波峰与波峰相遇，其振幅等于两列波的振幅之和；经过半个周期，变成波谷与波谷相遇，其振幅也等于两列波的振幅之和。

2. 获得稳定干涉的必要条件

① 两束光的频率相同。

② 两束光的振动方向相同或有方向相同的振动分量。

③ 两束光的振动有恒定的位相差。

如图 1-28 所示，S_1 和 S_2 两束光的频率相同、振动方向相同，两束光叠加有恒定的位相差，加强的位置始终加强，减弱的始终减弱。

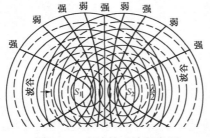

图 1-27　水波的干涉示意图

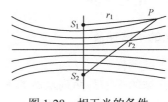

图 1-28　相干光的条件

3．相干光的基本原理和获得方法

（1）相干光的基本原理

将一个点光源发出的光束设法分为两束，然后再使它们相遇，如图 1-29 所示，即为相干光的基本原理。

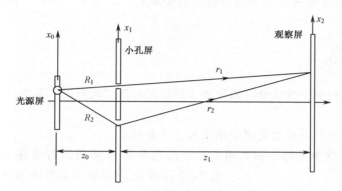

图 1-29　相干光的基本原理

（2）相干光的获得方法

① 分波阵面法：将同一波阵面上的光分成两束，再让其在空间相遇而干涉。典型例子为杨氏双缝干涉，如图 1-30 所示。由垂直于纸面的单缝发出的柱面波被 S_1 和 S_2 两缝分成两部分，当两束光到达屏幕 P 点时，将产生相干叠加，P 点的光强是稳定的加强或减弱。

② 分振幅法：将同一振幅上的光分成两束，再使其在空间相遇而干涉。典型例子为薄膜干涉，如图 1-31 所示。将一个厚度为 e、折射率为 n_2 的介质薄膜，置于折射率为 n_1 的介质中，光束 1 经过薄膜上表面反射一部分成为光束 2，折射部分经薄膜下表面反射、再经上表面折射成为光束 3，2 和 3 由同一光束分出，因而满足相干条件。2 和 3 两束光在 P 点叠加形成干涉图样。

在日常生活中，我们经常见到在阳光的照射下肥皂泡、水面上的油膜呈现出五颜六色的花纹。这是光波在肥皂泡膜、油膜的上、下表面反射后相互叠加所产生的干涉现象，为薄膜干涉。由于反射波和透射波的能量都是由入射波分出来的，所以属于分振幅的干涉。

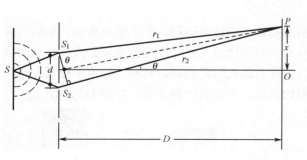

图 1-30　分波阵面法——杨氏双缝干涉

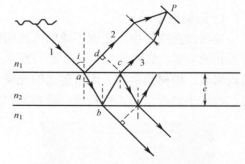

图 1-31　分振幅法——薄膜干涉

（3）干涉加强和减弱的条件

干涉加强和减弱的条件取决于光程差和波长的关系，光程差 $\Delta = r_2 - r_1$，λ 为光的波长。光程差为光波波长的整数倍，则干涉加强出现亮条纹；光程差为光波半波长的奇数倍则干涉

减弱出现暗条纹。其表达式为

$$\Delta = \begin{cases} \pm k\lambda & \text{干涉加强} \\ \pm(2k+1)\dfrac{\lambda}{2} & \text{干涉减弱} \end{cases} \quad (k = 0,1,2\cdots)$$

【注意】光在媒质中传播的几何路程已折合成光在真空中传播的几何路程，上式中的 λ 为真空中的波长。

应用提示

（1）激光的相干性很好，因为干涉使激光得到广泛应用，具体应用见第2章激光的应用。

（2）利用光的干涉检定螺旋测微器（千分尺）。

在测微器待量度的平面之间夹入一张已知其厚度的平行平面玻璃板 P（如

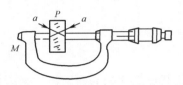

图 1-32 所示），然后使测微器的细杆顶紧平板 P。如果通过平板 P 顺着箭头方向观测，则在待量度的平面上可看到干涉条纹，在不平的待量度平面上得到弯曲的干涉条纹。根据条纹的形式可以判断待量度平面的表面质量，而根据条纹出现的数目便可检定两侧量度面的平行度。

图 1-32　利用光的干涉检定螺旋测微器

（3）检测精密零件的表面质量。

使被检测的平面和标准样板间形成空气薄膜，用单色光照射，入射光在空气薄膜上、下表面反射出的两列光波相干涉，根据干涉条纹的情况可测量零件表面的光滑程度。

（4）增透膜。

镜片表面涂的透明薄膜的厚度是入射光在薄膜中波长的 1/4 时，在薄膜的两个面上反射的光，其反射光的光程差恰好等于半波长，相互抵消，达到减少反射光、增大透射光强度的作用。

1.2.4　光的衍射

1. 衍射现象

光在传播路径中，遇到不透明或透明的障碍物，绕过障碍物、产生偏离直线传播的现象称为光的衍射，如图 1-33 所示。衍射现象只有在障碍物的几何尺度与传播波的波长相当时才比较明显。如树荫中的太阳透射光的光斑、夜晚看远处的灯光等。将两支铅笔平行紧靠在一起，透过小缝看灯光，可看到明暗相间的彩色条纹，中间是白色条纹，如图 1-34 所示。

（a）白光的衍射图样

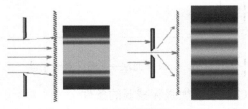

（b）黄光的衍射现象

图 1-33　光的衍射现象

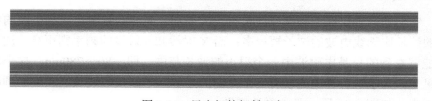

图 1-34　日光灯的衍射现象

2．衍射的类型

（1）菲涅尔衍射

光源和观察点距障碍物为有限远的衍射称为菲涅尔衍射，如图 1-35 所示。

（2）夫琅和费衍射

光源和观察点距障碍物为无限远，即平行光的衍射称为夫琅和费衍射，如图 1-36 所示。

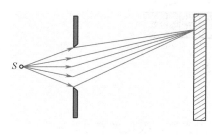

图 1-35　光的菲涅尔衍射

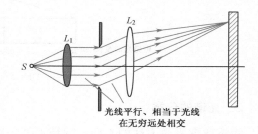

光线平行、相当于光线
在无穷远处相交

图 1-36　光的夫琅和费衍射

3．衍射的条件

只有障碍物的线度和波长可比拟时，衍射现象才明显地表现出来。由于光波的波长很小，在光传播的途中，只有遇到线度很小的障碍物，光波的衍射才会明显地表现出来。

4．干涉和衍射的差别

干涉是有限多束光（分离的）相干叠加，衍射是波阵面上无限多子波连续的相干叠加，这种计算对于菲涅尔衍射相当复杂，而对于夫琅和费衍射则比较简单。本节主要讨论夫琅和费衍射。

5．衍射的应用

两根不透明的笔紧紧并排夹在一起，在平行于灯光的位置上透过两支铅笔中间的缝隙看灯光会看到相间的彩色条纹。因为光波的频率相同，发生了衍射现象。当缝隙的大小（或障碍物的大小）与波长相差不多时会发生明显的衍射现象。如果缝隙很宽，其宽度远大于波长，则波通过缝后基本上是沿直线传播的，衍射现象就很不明显了。两根铅笔之间的缝隙，已经相当接近了光波的波长，产生衍射现象。

1.2.5　光谱学基础知识

1．电磁波谱

光谱是电磁辐射按照波长的有序排列，不仅无线电波是电磁波，光、X 射线、γ 射线都是电磁波。它们的区别仅在于频率或波长有很大差别。光波的频率比无线电波的频率要高很多，光波的波长比无线电波的波长短很多；而 X 射线和 γ 射线的频率则更高，波长更短。我们的眼睛能够看到的只是电磁波中一个很小的波长范围，即 380～780nm，这个范围的电磁波称为可见光。为了对各种电磁波有一个全面的了解，下面按照波长或频率的顺序把这些电磁波排列起来，如图 1-37 所示是电磁波谱图。

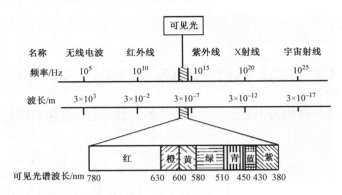

图 1-37　电磁波谱

2．光谱的分类

根据研究光谱方法的不同，习惯上把光谱分为发射光谱、吸收光谱与散射光谱。

（1）发射光谱

物体发光直接产生的光谱叫做发射光谱（Emission Spectrum）。发射光谱分为明线光谱和连续光谱。

① 明线光谱：稀薄气体发光是由不连续的亮线组成的，这种发射光谱又叫明线光谱，原子产生的明线光谱也叫原子光谱。初中化学中的焰色反应（不同的金属或其化合物燃烧时会发出不同颜色的光）如含钠元素（Na）呈现黄色，即产生黄色光谱。其他元素焰色反应的光谱颜色如表 1-2 所示，这些焰色反应产生的光谱都属于明线光谱。利用焰色反应可以做出五颜六色的烟花，如图 1-38 所示。

表 1-2　金属焰色反应光谱颜色表

序　号	1	2	3	4	5	6	7	8	9
元素名称	钠元素	锂元素	钾元素	铷元素	锶元素	钙元素	铜元素	钡元素	钴元素
光谱颜色	黄色	紫红色	浅紫色	紫色	洋红色	砖红色	绿色	黄绿色	淡蓝色
光谱图片									

② 连续光谱：固体或液体及高压气体的发射光谱，是由连续分布的波长的光组成的，这种光谱叫连续光谱。例如，电灯丝发出的光、炽热的钢水发出的光，形成的都是连续光谱。

图 1-38　焰色反应产生的烟花

（2）吸收光谱

当一束具有连续波长的光通过一种物质时，光束中的某些成分会有所减弱，当经过物质而被吸收的光束由光谱仪展成光谱时，就得到该物质的吸收光谱。例如，防紫外线太阳伞就是利用光谱学原理制成的。光射到物体上，有一部分在表面反射，部分被物体吸收，其余的则透过物体。因为几乎所有物质都有其独特的吸收光谱，在伞面涂上有强烈选择性吸收紫外线的屏蔽剂，这样紫外线就照不到伞下的人。如图 1-39 所示为防紫外线太阳伞。

（3）散射光谱

光线照射到粒子时，如果粒子大于入射光波长很多倍，则发生光的反射；如果粒子小于入射光波长，则发生光的散射，这时观察到的是光波环绕微粒而向其四周放射的光，称为散射光。当光在物质中传播时，物质中存在的不均匀性（如悬浮微粒、密度起伏）能导致光的散射（简单地说，即光向四面八方散开）。蓝天、白云、晓霞、彩虹、雾中光的传播等常见的自然现象中都包含着光的散射现象，如图 1-40 所示。当光通过物质时，除了光的透射和光的吸收外，还可观测到光的散射。

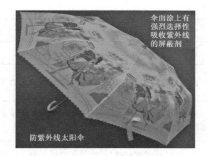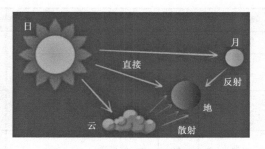

图 1-39　防紫外线太阳伞　　　　　　　图 1-40　自然界中光的散射现象

3．光谱的应用

（1）X 射线

伦琴发现 X 射线，因此也叫伦琴射线。X 射线的频率高，穿透性极强，在医学领域和其他领域得到应用。

① X 射线拍片：利用 X 射线可拍摄 X 照片，对病人进行影像诊断。影像诊断的出现使诊断变得直观、简单，明了，它省去了一些复杂的推理过程，大大提高了诊断的准确性和可靠性，如图 1-41 所示。

② X 射线治疗疾病：X 射线对人体组织有一定的破坏作用，这种破坏作用使人们可以利用 X 射线治疗皮肤结核杆菌、痣等皮肤疾病。也可以用 X 射线治疗人体深层组织的疾病，如

对子宫癌进行放射疗法等。

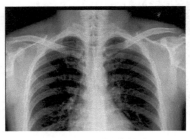

图 1-41 X 射线拍片

③ X 射线食品加工储藏：X 射线对微生物有杀灭作用，因此人们利用 X 射线来杀死食品中的病原微生物和昆虫，进行食品加工储藏。

（2）γ 射线

γ 射线也叫宇宙射线，其频率比 X 射线高很多，应用也更广泛。

① 与 X 射线一样，可利用 γ 射线进行食品加工储藏和食品消毒。

② γ 射线还可用于测距、测厚。

③ γ 射线刀：应用放射线照射病变部位，可治疗血管畸形和脑肿瘤。

（3）其他光谱的应用

红外线可用于加热、消毒、无线鼠标、红外遥控等；紫外线主要用于消毒；可见光的应用最直观，我们能看见东西都是因为可见光，照明也是利用可见光。

1.2.6　光电参数

光电参数很多，如表 1-3 所示。光强是指单位立体角上辐射的光通量，而光照度是指从光源照射到单位面积上的光通量。可以看出度量的视角不同，一个是通过立体角，一个是通过平面范围。对于水平光光源和单位面积光屏，前者的大小和物体与光源的距离有关，距离越大则数值越小；后者则无关，若光源性质不变，则光照度也保持不变。

表 1-3　光电参数

物 理 量	符号	单 位	公式	定 义
辐射通量	Φ	W（瓦）		单位时间内从光源发射的能量称为辐射通量
光通量	F	lm（流明） 1mb（毫朗伯）=10lm（流明）		由光源向各个方向射出的人眼有光感的光功率
光强度	I	cd	$I = \dfrac{F}{\omega}$	光强度（luminous intensity）是指光源在单位立体角内辐射的光通量
光照度	E	lx（勒克斯）	$E = \dfrac{F}{A}$	光照度（illuminance）是指从光源照射到单位面积上的光通量
反射系数	R	无	$R = \dfrac{F_1}{F}$	物体表面反射的光通量（反射的流明数 F_1）与入射的光通量（入射的流明数 F）之比
光亮度	L	cd/m²		一个表面单位面积反射出的光通量
光源的色温	C	K（开尔文）		热黑体辐射体与光源的色彩相匹配时的开尔文温度就是该光源的色温

1.　点光源、立体角（坎[德拉]）

（1）点光源

点光源是抽象化的物理概念，是为了把物理问题的研究简单化，就像平时说的光滑平面、质点、无空气阻力一样，点光源在现实中也是不存在的，指的是从一个点向周围空间均匀发光的光源，如图 1-42 所示。

（2）立体角

如图 1-43 所示，从 O 点看，表示光向空间展开的角度称为立体角，其单位为 sr（球面度），点的周围总立体角为 4π。

图 1-42　点光源

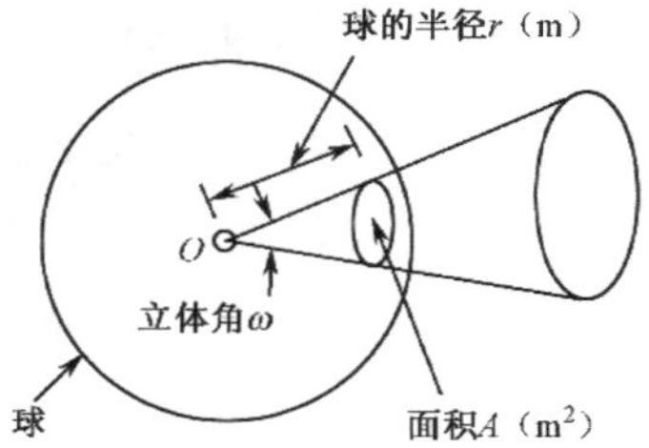

图 1-43　立体角

2．辐射通量

在单位时间内从光源发射的能量称为辐射通量 Φ，单位为 W（瓦）。

3．光通量

在辐射通量中包含人眼有光感的可见光和人眼感觉不到的，光通量（luminous flux）是指由光源向各个方向射出的人眼有光感的光功率，即每一单位时间射出的光能量，以 F 表示，单位为 lm（流明）。1mb（毫朗伯）＝10lm（流明）。

4．光强度

光强度（luminous intensity）是指光源在单位立体角内辐射的光通量，以 I 表示，单位为 cd（坎[德拉]），如图 1-44 所示。1cd 表示在单位立体角内辐射出 1lm 的光通量。

已知立体角的光通量和立体角，用公式 $I = \dfrac{F}{\omega}$ 可以算出光强度。

5．光照度

光照度（illuminance）是指从光源照射到单位面积上的光通量，以 E 表示，单位为 lx（勒克斯），如图 1-45 所示。

已知光通量和照射面积，用公式 $E = \dfrac{F}{A}$ 可以算出光照度。

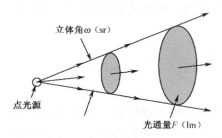

图 1-44　光强度的定义图

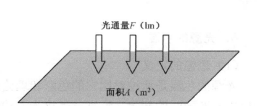

图 1-45　光照度的定义图

6．反射系数

人们观看物体时，总是要借助于反射光，所以要经常用到"反射系数"的概念。反射系数（reflectance factor）是指光线照在某物体表面，物体表面反射的光通量（反射的流明数 F_1）与入射的光通量（入射的流明数 F）之比，用 R 表示，如图 1-46 所示。

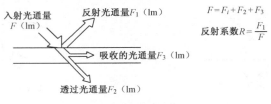

图 1-46　反射系数

已知反射光通量和入射的光通量，用公式 $R = \dfrac{F_1}{F}$ 可以算出反射系数。

7．光亮度

光亮度（luminance）是指一个表面的明亮程度，以 L 表示，即从一个表面单位面积反射出来的光通量，不同物体对光有不同的反射系数或吸收系数。光的强度可用照在平面单位面积上光的总量来度量，这叫入射光（incident light）。若用从平面反射到眼球中的光量来度量光的强度，这种光称为反射光（reflection light）或亮度（brightness）。亮度和照度的关系如图 1-47 所示。

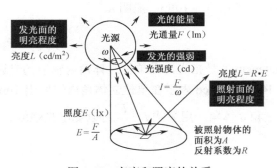

图 1-47　亮度和照度的关系

例如，一般的白纸大约吸收入射光通量的 20%，反射光通量为 80%，黑纸只反射入射光通量的 3%，所以，白纸和黑纸在亮度上的差异很大。

从图 1-47 不难理解亮度和照度之间的关系，即 $L = R \cdot E$，式中 L 表示亮度，R 表示反射系数，E 表示照度。因此，当我们知道一个物体表面的反射系数及照度时，便可推算出它的亮度。

8．光源的色温

（1）色温的定义

光源的色温是通过对比它的色彩和理论的热黑体辐射体来确定的。热黑体辐射体与光源的色彩相匹配时的开尔文温度就是该光源的色温，它直接和普朗克黑体辐射定律相联系。色温（color temperature）是表示光源光色的尺度，单位为 K（开尔文）。人们用与光源的色温相等或相近的完全辐射体的绝对温度来描述光源的色表（人眼直接观察光源时所看到的颜色），又称光源的色温。

（2）色温的分类

不同的色温会引起人们在情绪上的不同反应，一般把光源的色温分成三类。

① 暖色光：暖色光的色温在 3300K 以下。暖色光与白炽灯光色相近，红光成分较多，给人以温暖、健康、舒适的感觉，适用于家庭、住宅、宿舍、医院、宾馆等场所，或温度比较低的地方。

② 暖白光：又叫中间色，它的色温在 3300～5300K 之间。暖白光光线柔和，使人有愉快、舒适、安详的感觉，适用于商店、医院、办公室、饭店、餐厅、候车室等场所。

③ 冷色光：又叫日光色，它的色温在 5300K 以上。冷色光的光源接近自然光，有明亮的感觉，使人精力集中，适用于办公室、会议室、教室、绘图室、设计室、图书馆的阅览室、展览橱窗等场所。

（3）色温的应用

色温在摄影、录像、出版等领域具有重要应用。

9．暗电流

暗电流是指器件在反偏压条件下，没有入射光时产生的反向直流电流。一般光电倍增管、光电二极管等光电器件用到暗电流这一参数。

10．光电转换率

光电转换率是指由阳光转换为电能的转换效率，一般多用于介绍太阳能电池的性能和光电探测器测试的参数。现在一般的太阳能电池的光电转换率为 10%～15%，而国外一些高科技能源公司已将这一效率提高到 45% 左右。

 思考与练习1-2

（1）下面 4 种现象中，哪些不是光的衍射现象形成的？（　　　）

A．通过游标卡尺两卡脚间的狭缝观察发光的日光灯管，会看到平行的彩色条纹

B．不透光的图片后面的阴影中心会出现一个亮斑

C．太阳光照射下，架在空中的电线在地面上不会留下影子

D．用点光源照射小圆孔，后面屏上会呈现明暗相间的圆环

（2）简述利用镜子反射光的性质能做哪些事情。

（3）光的参数有＿＿＿＿＿、＿＿＿＿＿、＿＿＿＿＿、＿＿＿＿＿、＿＿＿＿＿、＿＿＿＿＿、＿＿＿＿＿、＿＿＿＿＿，其单位分别为＿＿＿＿＿、＿＿＿＿＿、＿＿＿＿＿、＿＿＿＿＿、＿＿＿＿＿、＿＿＿＿＿、＿＿＿＿＿、＿＿＿＿＿。

（4）为什么透过毛玻璃看不到东西，而加水涂在上面就能看见？下面的解释，相比之下应该选哪一项？（　　　）

A．物体射向毛玻璃的光在毛玻璃表面被全部反射掉了，加水后没有被全部反射掉

B．物体射向毛玻璃的光在毛玻璃表面主要产生了漫反射，加水后变平成为镜面反射，部分光折射

C．物体射向毛玻璃的光，有一部分被玻璃吸收了

D. 物体射向毛玻璃的光在毛玻璃表面被全部反射了

技能训练 2 光的双缝干涉

1．技能训练目的

加深对干涉现象的理解。

2．技能训练器材

蜡烛、火柴、玻璃片、双面刀片、直丝灯泡。

3．技能训练内容

（1）制作双缝隙。

用蜡烛火焰把玻璃片的一面熏黑，操作时防止玻璃片受热不均而断裂。把两片刀片叠在一起，刀口叠齐，捏紧，在玻璃片熏黑的一面画上一道直线，就得到一块双缝。双缝的距离约为一片刀片的厚度。在两块刀片之间垫上一层纸，再刻一块距离大一些的双缝，可刻在同一块玻璃上。

（2）观察双缝干涉条纹。

观察时手持双缝片，透过双缝观察直丝灯泡，即可看到白光的双缝干涉图样。在灯泡和双缝之间或双缝与眼睛之间插入一张有颜色的玻璃纸或滤色片，即可看到单色光的双缝干涉图样。再改用不同距离的双缝观察，或移动观察位置改变与光源之间的距离，可看到干涉条纹的间距发生变化。

4．实验结论

（1）白光的干涉条纹：黑白相间的条纹，中间为亮线（白色）。
（2）单色光的干涉条纹：明暗相间的条纹，中间为亮线。

5．思考题

（1）双缝的距离与条纹的关系如何？
（2）观察位置与光源的距离对条纹的影响有哪些？

技能训练 3 观察光的偏振现象

1．技能训练目的

（1）观察振动中的偏振现象，知道只有横波才有偏振现象。
（2）了解偏振光和自然光的区别。

2．技能训练原理

光是电磁波，电场强度 E 和磁感应强度 B 的振动方向都与电磁波的传播方向垂直，而电场强度 E 的作用是主要的。E 的振动称为光振动，上面提到的阳光等自然光，光振动沿各个方向是均匀分布的，经过起偏器后光振动只能沿透振方向振动成为偏振光。偏振光经过检偏

022

器只有一个方向能通过，其他方向都不能通过。

3．技能训练器材

柔软的长绳一根，带有狭缝的木板两块，细软的弹簧一根，电气石晶体薄片或人造偏振片两片（起偏器 P 和检偏器 Q）、光源（用太阳光或白炽灯）。

4．技能训练内容

（1）抖动水平软绳时产生横波，看波能否通过狭缝传到木板的另一侧。当狭缝与振动方向一致时，波不受阻碍，能通过狭缝；而当狭缝与振动方向垂直时，波被狭缝挡住，不能通过狭缝传到木板另一端。

（2）弹簧上形成的纵波，无论狭缝怎样放置，弹簧上疏密相间的波均能顺利通过狭缝传播到木板另一侧。

（3）用一个起偏器观察自然光，起偏器 P 是透明的，以光的传播方向为轴旋转 P 时，透射光强度不变。

（4）起偏器 P 上加上检偏器 Q，光通过两个偏振片时转动其中任一偏振片的方位，透射光的强度出现周期性的变化。无论旋转哪个偏振片或同时旋转两偏振片，当两偏振片透振方向平行时，透射光最强；两偏振片的透振方向垂直时，透射光最弱。

5．思考题

（1）横波和纵波各有什么特点？什么波有偏振性？

（2）光波是横波还是纵波？

（3）起偏器 P 和检偏器 Q 的作用分别是什么？

1.3 半导体基础知识

1.3.1 半导体的主要特性

1．什么是半导体（物质按导电情况分类）

（1）导体 容易传导电流的物质，如电缆的线芯所使用的铜、铝等金属。

（2）绝缘体 能够可靠地隔绝电流的物质，如电缆的包皮所使用的橡胶、塑料等。

（3）半导体 导电能力介于导体与绝缘体之间的物质，硅（Si）、锗（Ge）是最常见的用于制造各种半导体器件的材料。

2．本征半导体

本征半导体是完全不含杂质且无晶格缺陷的纯净半导体。纯净的半导体材料硅有四个价电子，通过共价键结合起来，如图 1-48 所示。

3．半导体的三个主要特性

（1）掺杂性 在纯净的半导体中掺入极其微量的杂质元素，则它的导电能力将大大增强。

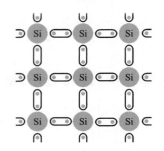

图 1-48　半导体材料硅的共价键结构

应用掺杂技术可以制造出各种半导体元器件，如二极管、三极管、晶闸管、场效应管、集成电路等。

（2）热敏性　在常温下，大多数的价电子均被束缚在原子周围，不易自由移动，所以导电能力也较弱。温度升高，部分价电子获得足够的能量，得以挣脱共价键的束缚而成为自由电子和空穴，将使半导体的导电能力大大增强。利用半导体对温度十分敏感的特性，可以制成热敏电阻及其他热敏元器件，常用在自动控制电路中。

（3）光敏性　半导体受到光线照射，自由电子和空穴数量会增多，半导体的导电能力会增强，这就是半导体的光敏特性。光照越强，导电能力越强。利用半导体的光敏特性，可以制成各种光电元器件，如光电二极管、光电三极管、光控晶闸管等，常用在路灯、航标灯的自动控制和火灾报警装置、光电控制开关及太阳能电池等。

1.3.2　P 型半导体和 N 型半导体

（1）P 型半导体　在纯净半导体硅或锗中掺入硼、铝等 3 价元素。这类掺杂后导体的特点是空穴数量多，自由电子数量少，故又称为空穴半导体。

（2）N 型半导体　在纯净半导体硅或锗中掺入微量磷、砷等 5 价元素，这类杂质半导体特点是自由电子数量多，空穴数量少，故又称为电子半导体。

1.3.3　PN 结

将 P 型半导体与 N 型半导体制作在同一块硅片上，在它们的交界面就形成 PN 结。

（1）扩散运动

物质总是从浓度高的地方向浓度低的地方运动，这种由于浓度差而产生的运动称为扩散运动，如图 1-49 所示。

（2）空间电荷区

扩散到 P 区的自由电子与空穴复合，而扩散到 N 区的空穴与自由电子复合，所以在交界面附近多子的浓度下降，P 区出现负离子区，N 区出现正离子区，它们是不能移动的，称为空间电荷区。空间电荷区形成内电场。空间电荷加宽，内电场增强，阻止扩散运动的进行，其方向由 N 区指向 P 区，如图 1-50 所示。

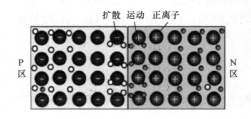

图 1-49　PN 结的扩散运动

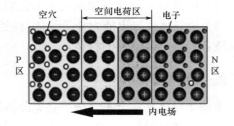

图 1-50　平衡状态下的 PN 结

（3）漂移运动

在电场力的作用下，载流子的运动称漂移运动。

（4）PN 结的形成过程

将 P 型半导体与 N 型半导体制作在同一块硅片上，在无外电场和其他激发作用下，参与扩散运动的多子数目等于参与漂移运动的少子数目，从而达到动态平衡，形成 PN 结。

（5）PN 结的特点

PN 结具有单向导电性，即加正向电压导通，加反向电压截止，二极管的核心是一个 PN 结，下面用二极管来演示 PN 结的单向导电性。

① PN 结加正向电压导通，使灯泡亮，如图 1-51 所示

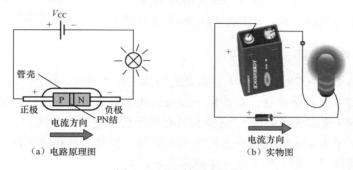

图 1-51 PN 结正向导通

② PN 结加反向电压截止，使灯不亮，如图 1-52 所示。

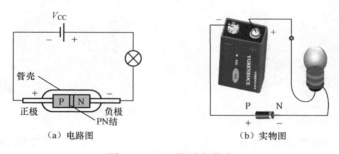

图 1-52 PN 结反向截止

 思考与练习1-3

（1）半导体的主要特性有_____、_____、_____。

（2）N 型半导体主要由_____导电，P 型半导体主要由_____导电。

（3）PN 结具有_____特性。

1.4 光电倍增管（PMT）

光电倍增管（PMT）是一种能将微弱的光信号转换成可测电信号的光电转换器件。光电倍增管是光子技术器件中的一个重要产品，它是一种具有极高灵敏度和超快时间响应的光探测器件，可广泛应用于光子计数、极微弱光探测、化学发光、生物发光研究、极低能量射线探测、分光光度计、旋光仪、色度计、照度计、尘埃计、浊度计、光密度计、热释光量仪、辐射量热计、扫描电镜、生化分析仪等仪器设备中。

1.4.1 光电倍增管的分类

光电倍增管按其接收入射光的方式一般可分成侧窗型和端窗型两大类。

1. 侧窗型光电倍增管（R 系列）

侧窗型光电倍增管（R 系列）从玻璃壳的侧面接收入射光，如图 1-53 所示。在通常情况下，侧窗型光电倍增管的单价比较便宜（一般数百元/只），在分光光度计、旋光仪和常规光度测定方面具有广泛的应用。大部分的侧窗型光电倍增管使用不透明光阴极（反射式光阴极）和环形聚焦型电子倍增极结构，这种结构能够使其在较低的工作电压下具有较高的灵敏度。

2. 端窗型光电倍增管（CR 系列）

端窗型光电倍增管（CR 系列）从玻璃壳的顶部接收入射光，如图 1-54 所示。端窗型光电倍增管也称顶窗型光电倍增管，其价格一般每只在千元以上，它是在入射窗的内表面沉积了半透明的光阴极（透过式光阴极），这使其具有优于侧窗型的均匀性。端窗型光电倍增管的特点是拥有从几十平方毫米到几百平方厘米的光阴极。另外，现在还出现了针对高能物理实验用的可以广角度捕获入射光的大尺寸半球形光窗的光电倍增管。

图 1-53　侧窗型光电倍增管　　　　　　　　图 1-54　端窗型光电倍增管

1.4.2 光电倍增管的结构

光电倍增管是一种真空器件。它由光电发射阴极（光阴极）、聚焦电极、电子倍增极（打拿极）、电子收集极（阳极）和入射面板（窗）等组成，如图 1-55 所示。光电倍增管的阴极一般采用具有低逸出功能的碱金属材料所形成的光电发射面。光电倍增管的窗材料通常由硼硅玻璃、透紫玻璃（UV 玻璃）、合成石英玻璃和氟化镁（或镁氟化物）玻璃制成。硼硅玻璃窗材料可以透过近红外至 300nm 的可见入射光，而其他三种玻璃材料则可用于对紫外区不可见光的探测。

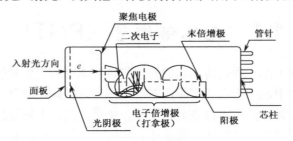

图 1-55　端窗型光电倍增管的结构图

1.4.3　光电倍增管的工作原理

当光照射到光阴极时，光阴极向真空中激发出光电子。这些光电子按聚焦极电场进入倍增系统，并通过打拿极（电子倍增极）进一步的二次发射，得到的倍增放大。然后把放大后的电子用阳极收集作为信号输出，如图 1-56 所示。

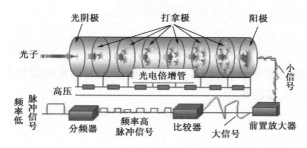

图 1-56　光电倍增管的工作原理

1.4.4　光电倍增管的特性

1．光谱响应

光电倍增管由阴极接收入射光子的能量并将其转换为光电子，其转换效率（阴极灵敏度）随入射波长的光变化而变化。这种光阴极灵敏度与入射光波长之间的关系叫做光谱响应特性。一般情况下，光谱响应特性的长波段取决于光阴极材料，短波段则取决于入射窗材料。量子效率为光阴极发射出来的光电子数量与入射光光子的数量之比，如图 1-57 所示。

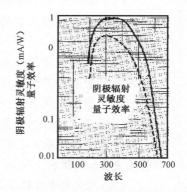

图 1-57　光电倍增管的光谱响应

2．光照灵敏度

光电倍增管一般为用户提供阴极和阳极的光照灵敏度。阴极光照灵敏度是指使用钨灯产生的 2856K 色温光测试的每单位光通量入射光产生的阴极光电子电流。阳极光照灵敏度是每单位阴极上的入射光能量产生的阳极输出电流（即经过二次发射极倍增的输出电流）。

3．电流放大（增益）

光阴极发射出来的光电子被电场加速后撞击到第一倍增极上将产生二次电子发射，以便产生多于光电子数目的电子流，这些二次发射的电子流又被加速撞击到下一个倍增极，以产生又一次的二次电子发射，连续地重复这一过程，直到最末倍增极的二次电子发射被阳极收集，这样就达到了电流放大的目的。这时光电倍增管阴极产生的很小的光电子电流被放大成较大的阳极输出电流。光电倍增管一般有 9～12 个倍增极。

4．阳极暗电流

光电倍增管在完全黑暗的环境下仍有微小的电流输出。这个微小的电流叫做阳极暗电流，它是决定光电倍增管对微弱光信号的检出能力的重要因素之一。

5．磁场影响

大多数光电倍增管会受到磁场的影响，磁场会使光电倍增管中的发射电子脱离预定轨道而造成增益损失。这种损失与光电倍增管的型号及其在磁场中的方向有关。一般而言，从阴极到第一倍增极的距离越长，光电倍增管就越容易受到磁场的影响。因此，端窗型尤其是大口径的端窗型光电倍增管在使用中要特别注意这一点。

6．温度特点

降低光电倍增管的使用环境温度可以减少热电子发射，从而降低暗电流。另外，光电倍增管的灵敏度也会受到温度的影响。

7．滞后特性

当工作电压或入射光发生变化之后，光电倍增管会有一个几秒至几十秒的不稳定输出过程。

 **应用提示**

在使用光电倍增管时，应特别注意以下几点。

（1）光电倍增管的工作电压可能造成电击，在仪器设计中应适当地设置保护装置。

（2）由于光电倍增管的封装尾管易受外力或振动而损伤，故应尽量保证其安全。特别是对带有过渡封装的合成石英外壳的光电倍增管，应特别注意外力的冲击和机械振动等影响。

（3）不要用手触光电倍增管，面板上的尘土和手印会影响光信号的穿透率，受到污染的管基会产生低压漏光。光电倍增管受到污染后，可用酒精擦拭干净。

（4）当阳光或其他强光照射到光电倍增管时，会损伤管中的光阴极。所以，光电倍增管存放时，不应暴露在强光中。

（5）玻璃管基（芯柱）光电倍增管比塑料管基更缺乏缓冲保护，所以对玻璃管基的管子更应加以保护。例如，在管座上焊接分压电阻时，应将光电倍增管先插入管座中。

（6）在使用中需要冷却光电倍增管时，应经常将光电倍增管的相关部件也进行冷却。

（7）氦气会穿透石英管壳，从而使噪声值升高。因此，在使用和存放中应避免将光电倍增管暴露在有氦气存在的环境中。

技能训练4　光电倍增管暗电流的测试

1．技能训练目的

（1）熟悉光电倍增管的使用。
（2）学习光电倍增管暗电流的测量方法。
（3）理解暗电流的特点。

2．技能训练原理

（1）光电倍增管的暗电流。

当光电倍增管完全与光照隔绝，在加上工作电压后阳极仍有电流输出，其输出电流的直流成分称为该管的暗电流。光电倍增管的最小可测光通量就取决于这个暗电流的大小。

由于光电倍增管的暗电流是工作电压的函数，所以在给出某倍增管的暗电流时，必须说明是在多大的工作电压下测得的。

（2）实验原理图。

图 1-58 所示为实验采用的原理图，由三部分组成。

① 光电倍增管供电电路：如图 1-58 所示，高压电源和一个电位器，可调节高压输出电压的大小。电源的连接方式即光电倍增管的供电方式有两种，负高压接法（阴极接电源负高压，电源正端接地）和正高压接法（阳极接电源正高压，电源负端接地）。

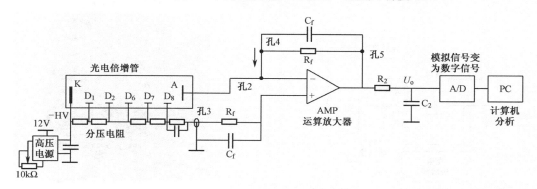

图 1-58　PMT 暗电流测试原理图

正高压接法的特点是可使屏蔽光、磁、电的屏蔽罩直接与管子外壳相连，甚至可制成一体，因而屏蔽效果好、暗电流小、噪声水平低。但这时阳极处于正高压，会导致寄生电容增大。如果是直流输出，则不仅要求传输电缆能耐高压，而且后级的直流放大器也处于高电压，会产生一系列的不便；如果是交流输出，则需通过耐高压、噪声小的隔直电容。

负高压接法的优点是便于与后面的放大器连接，并且既可以直流输出，又可以交流输出，操作安全方便；其缺点在于因玻璃壳的电位与阴极电位相接近，屏蔽罩皮至少离开管子玻璃壳 1～2cm，这样系统的外形尺寸就增大了。否则由于静电屏蔽的寄生影响，暗电流与噪声都会增大。

② 分压器：光电倍增管极间电压的分配一般是由如图 1-59 所示的电阻链分压来完成的。

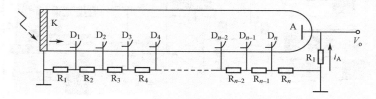

图 1-59　光电倍增管的分压电路

③ 输出电路：光电倍增管的输出是电荷，且其阳极几乎可作为一个理想的电流发生器来考虑，因此输出电流与负载阻抗无关。但实际上，对负载的输入阻抗却存在着一个上限，因为负载电阻上的电压降明显地降低了末级倍增极与阳极之间的电压，因而会降低放大倍数，致使光电特性偏离线性。如图 1-58 所示，输出电路采用运算放大器和 R_f、C_f 组成比例积分电路。

3．技能训练内容

注意必须严格按照操作步骤进行，在打开电源以前将控制面板上的线连接好，最好不要在电源打开后进行连线，控制面板上的红色插头代表高压。

（1）按图 1-60 所示的实验设备关系图连接好各设备，此实验光源关闭。

（2）在做实验之前先仔细阅读后面的光电倍增管使用须知。

（3）封闭光电倍增管暗盒进光孔，如图 1-61 所示为光电倍增管（把室内光源也关掉，在暗室中测试效果会更好）。

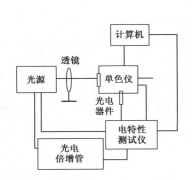

图 1-60　该实验设备关系图

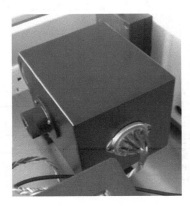

图 1-61　光电倍增管

（4）在控制面板上，在 PMT 特性测试框中，阴/阳选择开关选择阳极。将控制面板上的"高压输出"用连接线接到 PMT 特性测试框中的"高压输入"，阳极测试线接到图 1-62 中的孔 2 上，并在 4 和 5 间插上 30MΩ 的电阻（如果采集信号达到饱和，要更换阻值小的电阻）；"高压输入"与电压表的"2000+"连通，电压表的"–"与地相连，电压表量程切换到 2000V。

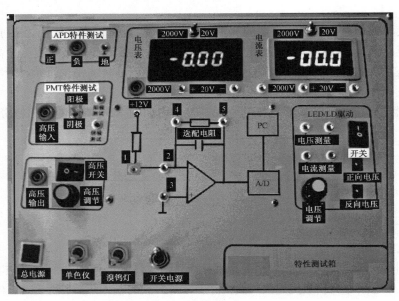

图 1-62　光电特性测试箱面板

（5）接通仪器总电源，打开高压开关，先不要将光电倍增管一端的航空插头与底板的插座相连，在控制面板上调节"高压调节"旋钮并观察电压表的示数，使输出电压从 360V 开始以 18V 步幅增加到 1260V。每调整一次电压要用软件采集一次数据，此时得到的是电路中的漏电流。

（6）接通 PMT 的航空插头，在控制面板上调节"高压调节"旋钮并观察电压表的示数。测量从 360V 开始，到 1260V 结束，每隔 18V 采集一次数据，数据采集由计算机完成。此时得到的是漏电流和暗电流的总和，同时软件会得出实际的暗电流值。

（7）在计算机上利用软件观测数据并打印结果（注意：由于为了保证实验数据的准确性，软件对数据进行了多次循环采集，所以每次数据采集的时间相对较长，在每次采集时要保证采集的结果已经显示在表格中再进行其他操作）。

（8）实验结束后切记先将输出的高压调到最小（"高压调节"旋钮逆时针转到头），然后关闭"高压开关"，之后再进行其他操作。

4．光电倍增管使用须知

（1）光电倍增管对光的响应极为灵敏，因此在没有完全隔绝外界干扰光的情况下切勿对管子施加工作电压，否则会导致管内倍增极的损坏。

（2）即使管子处在非工作状态，也要尽可能减少光电阴极和倍增极不必要的曝光，以免对管子造成不良的影响。

（3）光电阴极的端面是一块粗糙度数值极小的玻璃片，要妥善保护。

（4）使用时，必须预先在暗处避光一段时间，管基要保持清洁干燥，同时要满足规定的环境条件，切勿超过所规定的电压最大值。

（5）管子导电片与引脚应接触良好，插上、拔下时务必要用力于胶木管基，否则易造成松动或炸裂。

（6）有磁场影响的场合，应该用高导磁金属进行磁屏蔽。

（7）与光电阴极区的外壳相接触的任何物体应处于光电阴极电位。

（8）开启高压电源时应注意：在开启开关前，首先要检查各输出旋钮是否已调到最小，一定要预热 1min 后再输出高压。关机程序与开机相反。

 思考与练习1-4

（1）光电倍增管由_____、_____、_____、_____、_____等组成。光电倍增管作用是_____。

（2）使用光电倍增管时，应特别注意_____、_____、_____、_____、_____、_____、_____。

（3）简述光电倍增管的工作原理。

项 目 小 结 ▶---

光在两种物质分界面上反射，反射光线与入射光线、法线在同一平面上；反射光线和入射光线分居在法线的两侧；反射角等于入射角。

光从一种物质进入另一种物质时，光发生折射，并满足 $\sin\theta_1 : \sin\theta_2 = n_1 : n_2$。

光是横波，具有偏振现象，若光矢量只沿着一个确定的方向振动，为完全偏振光。

自然光沿各方向振动是均匀的，用起偏器可将自然光变为偏振光。

干涉和衍射都会形成明暗相间的条纹。光的衍射现象是光偏离了直线传播方向绕到障碍物阴影区的现象，衍射光强按一定的规律分布，形成明暗相间的条纹，它的规律与缝宽、孔的大小及光的波长有关。光源和观察屏位于物的两边是衍射形成的，如用并紧的两支铅笔观察日光灯，形成彩色条纹。光源和观察屏位于物的同侧是干涉形成的，如太阳光照射水面上的油污形成的彩色条纹。

辐射通量、光通量、光强度、光照度、反射系数、光亮度、光源的色温等是重要的光学物理量。

光电倍增管是一种能将微弱的光信号转换成可测电信号的光电转换器件。它由光电发射阴极（光阴极）、聚焦电极、电子倍增极、电子收集极（阳极）和入射面板（窗）等组成。当光照射到光阴极时，光阴极向真空中激发出光电子，这些光电子按聚焦极电场进入倍增系统，并通过打拿极（电子倍增极）进一步的二次发射得到倍增放大，然后把放大后的电子用阳极收集作为信号输出。

⬤ 自我评价

项　　目	目　标　内　容	掌 握 情 况	存 在 问 题	收 获 大 小
知识目标	理解各种光学现象的特点			
	掌握半导体基础知识			
	掌握光电倍增管的结构和工作原理			
	理解各光电参数的物理意义，掌握它们的单位名称和符号			
技能目标	熟悉光电实验环境和实验设备的使用			
	测量光电倍增管的暗电流			

第 2 章

激 光 技 术

激光技术是一项前沿科学技术。激光器的体积日益变小，功率不断增大，可靠性也得到了很大的提高。半导体二极管激光器和固体激光器技术的发展十分迅速，现今，固体激光器的平均输出功率已从百瓦级提高到了千瓦级；半导体激光器的功率也有很大提高，其结构和其他性能也正在经历重大变化。与此同时，还开发出了实用价值高的新波长和宽带可调谐激光器，包括对人眼无伤害的 1.54μm 和 2μm 的激光器、蓝光激光器和 X 光激光器。

2.1 概 述

2.1.1 激光器的产生

1960 年，一种神奇的光诞生了，它就是激光。激光的英文名称是 LASER，是 Light Amplification by Stimulated Emission of Radiation（受激发射光放大）的缩写。它一出现就创造了许多奇迹，可谓"一鸣惊人"。经过 50 多年的发展，激光现在几乎是无处不在，它已经被用在生活、科研的方方面面，如激光针灸、激光裁剪、激光切割、激光焊接、激光淬火、激光唱片、激光测距仪、激光陀螺仪、激光铅直仪、激光手术刀、激光炸弹、激光雷达、激光枪、激光炮，等等。在不久的将来，激光将会有更广泛的应用。

1954 年第一台微波量子放大器制作成功，获得了高度相干的微波束。1958 年 A.L.肖洛和 C.H.汤斯把微波量子放大器原理推广应用到光频范围，并指出了产生激光的方法。1960 年 T.H.梅曼等人制成了第一台红宝石激光器。1961 年 A.贾文等人制成了氦氖激光器。1962 年 R.N.霍耳等人创制了砷化镓半导体激光器。以后，激光器的种类越来越多。

2.1.2 激光器的分类

按工作介质分，激光器可分为气体激光器、固体激光器、半导体激光器和染料激光器四大类。近来还发展了自由电子激光器，其工作介质是在周期性磁场中运动的高速电子束，激光波长可覆盖从微波到 X 射线的广阔波段。大功率激光器通常都是脉冲式输出。不同种类的激光器所发射的激光波长已达数千种，最长的波长为微波波段的 0.7mm，最短波长为远紫外区的 210Å（单位埃，10^{-10}m），X 射线波段的激光器也正在研究中。

思考与练习2-1

（1）激光可应用在哪些方面？举例说明。

（2）激光器按工作介质可分为哪几类？

2.2 激光的产生和特性

2.2.1 激光的产生

1. 基本术语

（1）能级

在化学课中学到物质由分子组成，分子由原子组成，原子由原子核和核外电子组成，原子核由质子和中子组成，原子核外电子绕核运转，动量较大的电子在离核较远的地方运动，而动量较小的则在离核较近的地方运动。原子核外电子运动的轨道是不连续的，它们可以分成好几层，这样的层，称为"电子层"，如图 2-1 所示。另外，原子核有自转，原子核和核外电子都具有能量，因此各状态对应能量也是不连续的。这些能量值就是能级或能层。太阳系各行星绕太阳运转与电子绕原子核运转十分相似，太阳相当于原子核，各行星相当于核外电子，行星距太阳的远近不同能量不一样。如图 2-2 所示为各行星绕太阳运转。

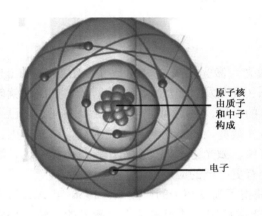

原子核由质子和中子构成

电子

图 2-1 电子层

图 2-2 各行星绕太阳运转

分子内部各种运动状态所形成的能级结构：分子内部的运动有电子运动、分子振动和分子转动，它们的能量都是不连续的，故可形成电子能级、振动能级和转动能级。

（2）激发和辐射

在通常情况下，它们处于最低能级，叫基态。当各种频率的光照射到物体上时，原子中的电子就从基态跃迁到激发态。如果某种频率光子的能量恰好等于原子两个能级的能量差时，这一光子将被吸收，使原子从低能级跃迁到高能级，原子处于激发态；当电子重新回到低能级即基态时，就向外辐射光子，辐射出来的光子决定了我们看到的物体的颜色。从低能级到高能级的这一过程称为激发或抽运，这个吸收能量的过程称做光的受激吸收。从高能级回到低能级的过程也称为跃迁，跃迁时释放的能量即为辐射。

2. 光与物质的作用

光与物质的作用方式有三种，如图 2-3 所示。表 2-1 是三种光与物质作用方式的比较。

这三种作用可用鞭炮（或者火药）作比喻，火星比做光子，鞭炮比做物质。如将受激吸收比作一个火星打到鞭炮，鞭炮吸收这个火星，而未爆炸，没有产生更多的火星。自发辐射比作一个鞭炮没有火星打到它，自己能量高炸出很多火星。受激辐射比做鞭炮被火星打到，吸收火星能量，鞭炮能量增大，炸出更多火星来。

（1）受激吸收

处于较低能级的粒子在受到外界的激发（即与其他的粒子发生了有能量交换的相互作用，如与光子发生非弹性碰撞）、吸收了能量时，跃迁到与此能量相对应的较高能级。这种跃迁称为受激吸收，如图 2-3（a）和图 2-3（b）所示。

（2）自发辐射

粒子受到激发而进入高能态，粒子处于不稳定状态，工业机器人工作站系统集成技术如果存在着可以接纳粒子的较低能级，即使没有外界作用，粒子也会按照一定的概率，自发地从高能级 E_2 向低能级 E_1 跃迁，同时辐射出能量为 E_2-E_1 的光子，光子频率 $=（E_2-E_1）/h$。这种辐射过程称为自发辐射，如图 2-3（c）和图 2-3（d）所示。各原子的自发辐射过程完全是随机的，所以自发辐射光是非相干的。

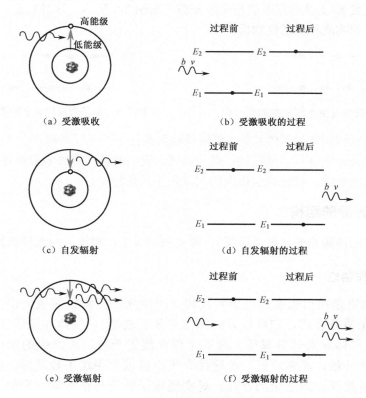

图 2-3　光与物质的作用方式

（3）受激辐射

当频率为 $（E_2-E_1）/h$ 的光子入射时，也会引发粒子以一定的概率，迅速地从能级 E_2 跃迁到能级 E_1，同时辐射一个与外来光子频率、相位、偏振态及传播方向都相同的光子，这个过程称为受激辐射，如图 2-3（e）和图 2-3（f）所示。

表 2-1　三种光与物质作用方式的比较

		入 射 光 子	能 级 跃 迁	辐 射 光 子
光与物质的相互作用	受激吸收	有，被吸收	低→高	无
	自发辐射	无	高→低	有
	受激辐射	有	高→低	辐射出光子与外来光子相同

3．粒子数反转和激光的形成

当光子通过某一介质时，它可能被原子（或离子、分子）所吸收，从而使原子从低能级激发到高能级，这个过程称为共振吸收或光的受激吸收。另外，入射光也能引起处于高能级的原子发生受激辐射。

在一般情况下，处于低能级的原子数目远远超过处于高能级的原子数目。如图 2-4 所示，低能级 E_1 原子数目多，高能级 E_2 原子数目少，受激吸收占优势。

要使受激辐射占优势，就必须先使原子（或离子、分子）激发到高能级。人为地施加一定能量，使高能级 E_2 上具有较多的粒子数分布，如图 2-5 所示，这种状态称为粒子数反转。产生粒子数反转的物质称为活性物质。

图 2-4　一般情况下不同能级的原子数　　图 2-5　粒子数反转后不同能级的原子数

处于粒子数反转状态的活性系统，可以带动其他粒子大量反转即产生"雪崩"。雪崩过程可以使光再次放大。该过程的继续进行必须通过一定的装置，这种装置就是光学共振腔。从共振腔中持续发出来的、特征完全相同的大量光子就是激光。

2.2.2　激光器的结构

激光器大多由激励系统（泵浦系统）、激光物质（工作物质）和光学谐振腔三部分组成。

1．激光工作物质

激光工作物质是指用来实现粒子数反转并产生光的受激辐射放大作用的物质体系，有时也称为激光增益媒质，它可以是固体（晶体、玻璃）、气体（原子气体、离子气体、分子气体）、半导体和液体等媒质。现有工作介质近千种，可产生的激光波长包括从真空紫外线到远红外线，非常广泛。在这种介质中可以实现粒子数反转，以制造获得激光的必要条件。显然亚稳态能级的存在，对实现粒子数反转是非常有利的。激光工作物质的主要要求是尽可能在其工作粒子的特定能级间实现较大程度的粒子数反转，并使这种反转在整个激光发射作用过程中尽可能有效地保持下去。为此，要求工作物质具有合适的能级结构和跃迁特性。

2．激励源——激励（泵浦）系统

激励源——激励（泵浦）系统是指为使激光工作物质实现并维持粒子数反转而提供能量

来源的机构或装置。为了使工作介质中出现粒子数反转，必须用一定的方法激励原子体系，使处于高能级的粒子数增加。激励的方法很多，一般可以用气体放电的方法来利用具有动能的电子去激发介质原子，称为电激励，如图 2-6（a）所示；也可以用脉冲光源来照射工作介质，称为光激励，如图 2-6（b）所示。利用小型核裂变反应所产生的裂变碎片、高能粒子或放射线来激励工作物质并实现粒子数反转叫核能激励。还有热激励、化学激励等。各种激励方式被形象化地称为泵浦或抽运。为了不断得到激光输出，必须不断地"泵浦"以维持处于上能级的粒子数比下能级多。

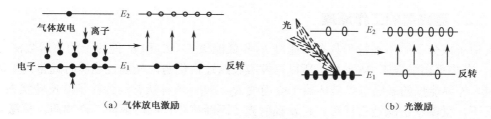

（a）气体放电激励　　　　　　　　　　　　　（b）光激励

图 2-6　两种常用激励方式

3．光学谐振腔

有了合适的工作物质和激励源后，即可实现粒子数反转，但这样产生的受激辐射强度很弱，无法在实际中应用，于是人们想到了用光学谐振腔进行放大。所谓光学谐振腔，实际是在激光器两端面对面装上两块反射率很高的反射镜，一块几乎全反射，一块大部分光反射，少量光透射出去，以使激光可透过这块镜子而射出，如图 2-7 所示。

在光学谐振腔中的活性物质，受到外加能量的激励而产生的光子可以射向各个方向，但其中传播方向与反射镜垂直者，则在介质中来回反射振荡。在反射振荡的过程中，引发介质中其他活性物质受激辐射，因此这种辐射的强度越来越大。由于受激辐射反复振荡产生的大量光子都具有相同的特征和一致的传播方向，因此决定了激光具有良好的单色性和准直的定向性。光在谐振腔中来回振荡，造成连锁反应，雪崩似的获得放大，辐射强度借此得到极度的增大，因此又保证了激光的高亮度，产生强烈的激光，从部分反射镜的一端输出，如图 2-8 所示。

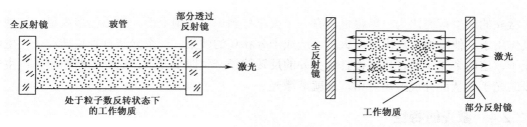

图 2-7　光学谐振腔　　　　　　图 2-8　光学谐振腔光子放大产生激光的过程

光学谐振腔的作用如下。

① 通常组成腔的两个反射镜的几何形状（反射面曲率半径）和相对组合方式提供光学正反馈，实现光放大，即加强输出激光的亮度。

② 光学谐振腔对腔内不同行进方向和不同频率的光，具有不同的选择性损耗特性，对腔内往返振荡光束的方向和频率进行限制，以保证输出激光有一定的定向性和单色性，即调

节和选定激光的波长和方向，决定激光光斑的形状。

光学谐振腔对光子的放大好比三极管谐振电路对交流电能的放大，很小的一个扰动能量通过三极管谐振电路的正反馈变成很大的交流电能输出，对频率也有选择性。

激光二极管也是由三部分组成的，其物理结构是在发光二极管的结间安置一层具有光活性的半导体，光活性的半导体就是工作介质。其端面经过抛光后具有部分反射功能，因而形成光谐振腔。在正向偏置（激励源）的情况下，LED结发射出光并与光谐振腔相互作用，从而进一步激励从结上发射出单波长的光，这种光的物理性质与材料有关。

2.2.3　激光器的工作原理

若原子或分子等微观粒子具有高能级 E_2 和低能级 E_1，E_2 和 E_1 能级上的布居数密度为 N_2 和 N_1，在热平衡情况下 $N_2 < N_1$，所以自发吸收跃迁占优势，光通过物质时通常因受激吸收而衰减。外界能量的激励可以破坏热平衡而使 $N_2 > N_1$，这种状态称为粒子数反转状态。在这种情况下，受激辐射跃迁占优势。自发辐射光子不断产生，同时射向工作物质，再激发工作物质产生很多新光子（受激辐射）。光子在传播中一部分射到反射镜上，另一部分则通过侧面的透明物质跑掉。光在反射镜的作用下又回到工作物质中，再次激发高能级上的粒子向低能级跃迁，而产生新的光子。在这些光子中，没有沿谐振腔轴方向运动的光子，就不与腔内的物质作用；沿轴方向运动的光子，经过谐振腔中的两个反射镜多次反射，使受激辐射的强度越来越强，促使高能级上的粒子不断地发出光来。当光放大到超过光损耗（衍射、吸收、散射等损失）时产生光的振荡，使积累在沿轴方向的光从部分反射镜中射出，这时就形成了激光，如图2-9所示。

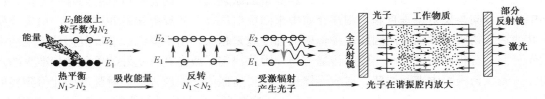

图2-9　激光的工作原理

激光的产生可类比为一串鞭炮，有一个火星打到一个鞭炮上面，炸出很多火星，这些火星又作用于其他鞭炮，炸出更多火星，造成十分壮观的效果。一个光子打到反转粒子产生两个光子，这两个光子通过反射镜打到另外的反转粒子产生四个光子，这样不断积累，产生非常多的光子，从部分反射镜射出，这就是激光。

2.2.4　激光的特性

激光有五大特性，即高方向性（定向发光）、高单色性（颜色纯）、高亮度、高密度、高相干性。

如图2-10所示为激光灯，它表现出定向发光、亮度高、颜色纯等激光的特点。激光还有高密度和高相干性，可用来打孔，如图2-11所示。

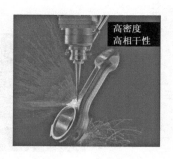

图 2-10　激光灯表现出三种激光特性　　　　图 2-11　用激光的高密度和高相干性打孔

 **知识拓展**

激光的五大特性

1. 定向发光——高方向性

普通光源是向四面八方发光。要让发射的光朝一个方向传播，需要给光源装上一定的聚光装置，如汽车的车前灯和探照灯都是安装有聚光作用的反光镜，使辐射光汇集起来向一个方向射出。激光器发射的激光，天生就是朝一个方向射出，光束的发散度极小，大约只有 0.001 弧度，接近于平行。如图示 2-12 所示，教师用来指图像的激光教杆笔发出的激光就是指向一个方向。激光验钞机之所以能分辨出假钞与真钞极细微的差别，就是因为激光的高方向性，如图 2-13 所示为激光验钞机。

图 2-12　激光教杆笔　　　　　　　　　　图 2-13　激光验钞机

2. 亮度极高——高亮度

激光光束能高度集中并带有很高的能量，所以表现出高亮度。在激光发明前，人工光源中高压脉冲氙灯的亮度最高，与太阳的亮度不相上下，而红宝石激光器的激光亮度能超过氙灯的几百亿倍。因为激光的亮度极高，所以能够照亮远距离的物体。红宝石激光器发射的光束在月球上产生的照度约为 0.02 勒克斯（光照度的单位），颜色鲜红，激光光斑明显可见。若用功率最强的探照灯照射月球，产生的照度只有约一万亿分之一勒克斯，人眼根本无法察觉。激光亮度极高的主要原因是定向发光。例如，有机半导体薄膜激光二极管产生的激光有极高的亮度和效率，激光灯就是二极管激光器，看看图片有多亮，很远的距离都能看到，如

图 2-14 所示。

图 2-14　激光灯效果

3．颜色极纯——高单色性

光的颜色由光的波长（或频率）决定，一定的波长对应一定的颜色。太阳可见光的波长分布范围为 0.76～0.4μm，对应的颜色从红色到紫色，所以太阳光谈不上单色性。如图 2-15 所示为太阳光分成七色光。发射单种颜色光的光源称为单色光源，它发射的光波波长单一。比如氖灯、氦灯、氪灯、氢灯等都是单色光源，只发射某一种颜色的光。单色光源的光波波长虽然单一，但仍有一定的分布范围。如氪灯只发射红光，单色性很好，被誉为单色性之冠，波长分布的范围仍有 0.00001nm，因此氪灯发出的红光，若仔细辨认仍包含几十种红色。由此可见，光辐射的波长分布区间越窄，单色性越好。如图 2-16 所示是由多个激光器形成的色彩景观，每一束激光的颜色都很纯，这样画面才如此美丽。

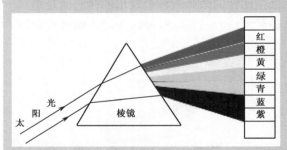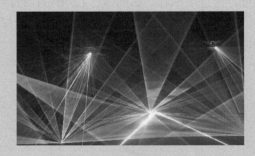

图 2-15　太阳光由七色光组成　　　　　　图 2-16　激光形成的景观

激光器输出的光，波长分布范围非常窄，因此颜色极纯。以输出红光的氦-氖激光器为例，其光的波长分布范围可以窄到 $2×10^{-9}$nm，是氪灯发射的红光波长分布范围的 2/10 000。由此可见，激光器的单色性远远超过任何一种单色光源。

4．能量密度极大

激光虽然能量不大，但却有极大的能量密度，这是因为大量光子集中在一个极小的空间范围内射出，能量密度自然极高。很多实例都能说明这一特点。

（1）用激光做手术，是因为激光照射的面积极小，周边机体不受任何伤害，而手术的组织瞬间就被切除。日常生活中用老花镜、凸透镜来聚焦阳光时，聚焦在某一点上的能量能将纸张点燃，聚焦在某一点上的能量和通过整个透镜的能量是一样的，如果能量不是聚焦在一点上就对纸张产生不了任何影响。

（2）人眼不可直视二极管激光器，就是因为激光的能量密度极大，会灼伤眼睛。

（3）计算机光盘刻录机，使用激光器发出的激光在光盘上运动，使光盘上出现记录信息的凹坑，如此硬的光盘能刻出凹坑，足以说明激光的能量密度极大。

（4）激光武器，其杀伤力比常规武器强很多，如激光炮等，也是因为它作用点小，激光的能量密度极大，使打击效果准而狠。

5. 高相干性，容易叠加和分离

（1）激光的另一个特点是相干性好。激光的频率、振动方向、相位高度一致，使激光光波在空间重叠时，重叠区的光强分布会出现稳定的强弱相间现象，这种现象叫做光的干涉，所以激光是相干光。而普通光源发出的光，其频率、振动方向、相位不一致，称为非相干光。

激光器是激光扫描系统的光源，具有方向性好、单色性强、相干性高及能量集中、便于调制和偏转的特点，如图 2-17 所示为激光器的高相干性示意图。从激光的产生可以看出，一条激光束只包括一种主要波长的光线，它是单色的。每一条光线都沿一个方向传播，以相互叠加的方式结合，称为"相干性"。这个特性使激光以一条极细的光束射到一个靶上，几乎没有散射。而每条激光束就像枪膛里射出的子弹，每颗子弹只能在靶上打一个孔。如果要打出一个"一"字，就要射出很多子弹，沿"一"字方向打出很多的孔，形成一个"一"字点的横向排列，这就是我们所说的"点阵排列"，这样使激光打印机打出的图文质量很高。早期生产的激光打印机多采用氦-氖（He-Ne）气体激光器，其波长为 632.8nm，特点是输出功率较高、体积大、使用寿命长（一般大于 1 万小时）、性能可靠、噪声低。但是因为体积太大，现在基本已淘汰。现代激光打印机都采用半导体激光器，常见的是镓砷-镓铝砷（GaAs-GaAlAs）系列，发射出的激光束波长一般为近红外光（$\lambda = 780nm$），可与感光硒鼓的波长灵敏度特性相匹配。半导体激光器体积小、成本低，可直接进行内部调制，是轻便型台式激光打印机的光源。

图 2-17　激光器的高相干性示意图

（2）激光的闪光时间可以极短。由于技术上的原因，普通光源的闪光时间不可能很短，照相用的闪光灯，闪光时间是 1/1000s 左右。脉冲激光的闪光时间很短，可达到 6 飞秒（1 飞秒 = 10^{-15} 秒）。闪光时间极短的光源在生产、科研和军事方面都有重要的用途。

技能训练 5　激光二极管（LD）伏安特性的测量

1. 技能训练目的

（1）了解 LD 的电学特性，包括正向电流、正向压降。
（2）对 LD 的极限参数有明确的概念，正确、安全地使用 LD。
（3）通过电学特性的测量，认识 LD 的发光机理。

2. 技能训练器材

650nm LD、980nm LD、单色仪、光电特性综合测试箱（含电流表、电压表），如图 2-18 所示为各设备关系图。

3．技能训练内容

实验前，将电压调节旋钮逆时针旋至极限位置。

（1）将待测 650nm LD 接入胶木模块的插孔，如图 2-19 所示（注意 LD 极性不要接错，避免直视 LD）。将胶木模块固定在转台导轨上，模块另一端的插头插到特性测试仪控制面板"LED/LD 驱动"部分的"正向电压"端口。特性测试仪控制面板如图 2-20 所示。接通电源，缓慢调节旋钮，观察到有激光发出，注意其发光亮度的变化（与电流对照）。驱动电流不能超过给定 LD 的 60mA。

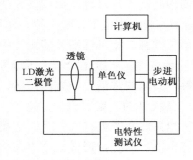

图 2-18　实验框图

图 2-19　待测 LD 接入胶木模块

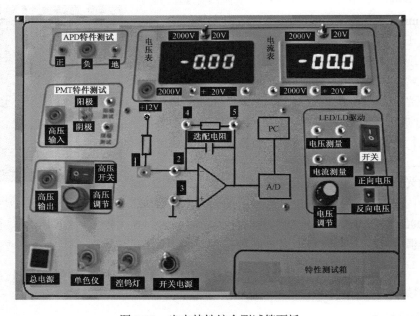

图 2-20　光电特性综合测试箱面板

（2）将胶木棒固定在单色仪入口位置圆筒内，入口狭缝调到最大。启动单色仪，运行步进电动机开始扫描，观察出口狭缝的出光情况，如图 2-21 所示。

（3）分别对 650nm LD、980nm LD 进行伏安特性测量。

① 将图 2-20 中"电压测量"的正、负端分别接到电压表的"20V+"和"－"端，电压表量程选择 20V；"电流测量"的正、负端分别接到电流表的"200mA+"和"－"端，电流表量程选择 200mA。打开驱动电路开关，顺时针缓慢调节"电压调节"旋钮，将电流表和电压表的数据记录到表 2-2 中。

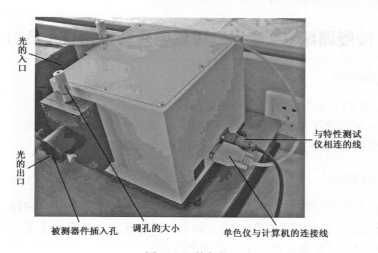

光的入口

光的出口

被测器件插入孔　调孔的大小

单色仪与计算机的连接线

与特性测试仪相连的线

图 2-21　单色仪

② 换上 980nm LD，重复步骤①。

表 2-2　实验数据

参 数 序 号	650nm LD 正向特性		980nm LD 正向特性	
	电压（V）	电流（mA）	电压（V）	电流（mA）
1				
2				
3				
4				
5				
6				
7				
8				
9				
10				
11				
12				

（4）实验完成后将各装置、各器件恢复至初始状态。

4．思考题

根据实验数据绘制出 LD 伏安特性曲线并观察曲线的特点。

技能训练6 激光二极管电光转换特性（P-I）

1．技能训练目的

（1）了解 LD 的 $P-I$ 特性，熟悉其测量原理、方法。

（2）认识光通信的重要基础器件——光纤，了解其一般原理和连接方法。

（3）准确测量得到 $P-I$ 关系曲线，为后两个实验作准备。

2．技能训练原理

电光转换特性指 LD 的光输出功率与注入电流的关系曲线，即 $P-I$ 曲线。与 LED 不同的是，LD 是基于受激发射的发光机理。注意激光二极管有阈值电流 I_{th} 存在，所以在 I_{th} 附近测量必须缓慢而仔细，这样测得的 $P-I$ 曲线才会准确。

3．技能训练内容

（1）测量 650nm LD 的 $P-I$ 曲线：其步骤如图 2-22 所示，分为 7 步。

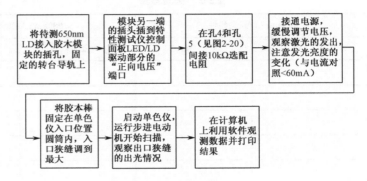

图 2-22　650nm LD 的测量步骤

（2）测量 980nm LD 的 $P-I$ 曲线：按图 2-22 所示的 7 步，将 650nm LD 换成 980nm LD，将选配电阻换为 2kΩ，LD 电流仍然不要超过 60mA。

4．技能训练记录

实验数据如表 2-3 所示。

表 2-3　实验数据

参数 序号	LD 正向电流（mA）	LD 正向电压（V）	光功率（mW）	LD 辐射效率（%）
1				
2				
3				
4				
5				
6				
7				

根据表 2-3 的记录，画出 P-I 关系曲线。

5．思考题

（1）解释阈值电流 I_{th} 的物理机理。

（2）以 I_{th} 为界，在其左右 LD 的光谱特性各有何特点？

（3）简述 PIN 管探测器测量红外光功率的原理。

思考与练习2-2

（1）激光器由＿＿＿＿＿＿＿、＿＿＿＿＿＿＿、＿＿＿＿＿＿＿＿三部分组成。

（2）激光有＿＿＿＿＿＿＿、＿＿＿＿＿＿＿、＿＿＿＿＿＿＿、＿＿＿＿＿＿＿等特点。

（3）光与物质的三种作用方式是＿＿＿＿＿＿＿、＿＿＿＿＿＿＿、＿＿＿＿＿＿＿。

（4）简述粒子数反转。

（5）简述激光器的工作原理。

（6）将光谐振腔与三极管谐振电路对比，说明其作用。

2.3　各种物质类型的激光器

激励是工作介质吸收外来能量后激发到激发态，为实现并维持粒子数反转创造条件。激励方式有光学激励、电激励、化学激励和核能激励等。工作介质具有亚稳能级时，受激辐射占主导地位，产生的光子不断增多，从而实现光放大。谐振腔可使腔内的光子有一致的频率、相位和运行方向，从而使激光具有良好的定向性和相干性。工作物质有固体、液体、气体、半导体等，下面主要介绍固体和气体激光器，液体和半导体激光器简单介绍。

2.3.1　固体激光器

1．工作原理

当激光工作物质受到光泵（激励脉冲氙灯）的激发后，吸收具有特定波长的光，在一定条件下可导致工作物质中的亚稳态粒子数大于低能级粒子数，这种现象称为粒子数反转。一旦有少量激发粒子产生受激辐射跃迁，就会产生更多光子，即造成光放大，再通过谐振腔内的全反射镜和部分反射镜的反馈作用产生振荡，最后由谐振腔的一端输出激光。

如图 2-23 所示，以红宝石激光器为例来说明激光的形成。工作物质是一根红宝石棒，红宝石是掺入少许 3 价铬离子的三氧化二铝晶体，实际是掺入质量比约为 0.05% 的氧化铬。由于铬离子吸收白光中的绿光和蓝光，所以宝石呈粉红色。上面的闪光灯作为提供能源的泵浦（光泵）。红宝石的两端面是一对平行的平面镜，一端镀上全反射膜，一端有 10% 的透射率，可让激光透出。

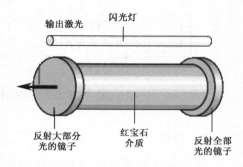

图 2-23　红宝石激光器

2. 特点

固体激光器的特点是器件小、坚固、使用方便、输出功率大（连续 100W 以上，脉冲峰值则更高）。

2.3.2 气体激光器

1. 工作原理

气体激光器的工作原理同常见的霓虹灯及日光灯大致相仿。霓虹灯管是最普通的放电管，它那鲜艳的红光是管中氖原子受到电子碰撞激发后所发射的。日常用的日光灯，实际上是汞蒸汽的辉光放电管。He–Ne 激光器、CO_2 激光器等也都是辉光放电。

气体激光器的结构如图 2-24 所示，由电源电路提供高压脉冲，加到光腔上的 4 个圆环电极中，它产生的电子与光腔内的 He–Ne、CO_2 气体粒子碰撞，引起激励和电离。激励原子或离子在与气体粒子的碰撞过程中传递了能量，大量激活粒子跃迁至上能级，形成粒子数反转分布。接下来的原理与其他激光器相同，见激光原理部分。图 2-24 中的热交换器及激光风机作为辅助装置，主要起恒温作用。

气体激光器主要输出红色的可见光束，最常见的气体激光器有：氦激光器和氦–氖激光器。CO_2 激光器可以发射远红外能量，用于切割高硬度物质。如图 2-25 所示为氦–氖激光器，工作物质是氦原子和氖原子气体，氖原子能级间的跃迁产生激光谱线，氦原子起能量转移作用，这是最早研究成功的气体激光器。医学中常将此种激光器用作"光针"和照射治疗的工具，对溃疡的治疗有较好的疗效。

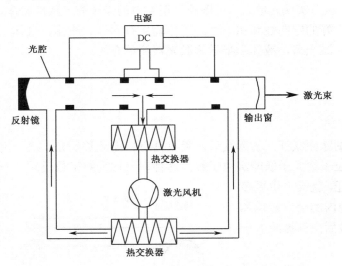

图 2-24　气体激光器的结构

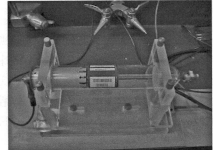

图 2-25　氦–氖激光器

2. 特点

气体激光器具有以下特点：结构简单、造价低、操作方便；工作介质均匀、光束质量好，能长时间稳定连续工作；是目前品种最多、应用广泛的一类激光器，占有市场的 60% 左右。

2.3.3 **液体激光器**

1. 简介

液体激光器也称染料激光器，因为这类激光器的激活物质是某些有机染料溶解在乙醇、甲醇或水等液体中形成的溶液。为了激发它们发射出激光，一般采用高速闪光灯作激光源，或者由其他激光器发出很短的光脉冲。

2. 特点

液体激光器输出的波长连续可调，覆盖面宽，但工作原理比较复杂。常用的是染料激光器，采用有机染料作为工作物质，利用不同的染料可以获得不同波长的激光（在可见光范围内），一般用激光作泵浦源，如氩离子激光器等。

2.3.4 **半导体激光器**（GaAlAs、InGaAs 等）

1. 半导体激光器的结构和原理

半导体激光器又称激光二极管，它的物理结构是在发光二极管的结间安置一层具有光活性的半导体，其端面经过抛光后具有部分反射功能，因而形成一个光谐振腔。在正向偏置的情况下，LED 结发射出光并与光谐振腔相互作用，从而进一步激励从结上发射出单波长的光。这种光的物理性质与材料有关，常用的材料有砷化钾，发射 840nm 的激光，另有掺铝的砷化钾、砷化锌等。激励方式有光泵辅、电激励等。

2. 半导体激光器的特点

半导体激光器的特点是体积小、质量轻、寿命长、结构简单而且坚固等，波长范围可以从红外光到蓝光，功率从毫瓦量级到瓦级都有，光电转换效率较高。

3. 半导体激光器的应用实例

（1）激光打标机

如图 2-26（a）所示为二极管泵铺激光器制成的电子器件激光打标机，可雕刻金属及多种非金属材料，打标的样品如图 2-26（b）和图 2-26（c）所示。激光打标机适合应用于一些要求更精细、精度更高的场合。

（2）激光手电筒和电子经纬仪

（a）激光打标机　　　　　　（b）激光打标样品（1）　　　（c）激光打标样品（2）

图 2-26　激光打标机

激光手电筒也是二极管激光器，如图 2-27 所示。电子经纬仪内装波长为 633nm 的二极管激光器，如图 2-28 所示。

图 2-27　激光手电筒

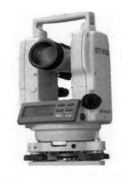

图 2-28　二极管激光器经纬仪

（3）激光鼠标与光电鼠标

激光鼠标的原理与光电鼠标差不多，只是把发光二极管换成了激光二极管，来照射鼠标所移动的表面。激光光线具有一致的特性，当光线从表面反射时可产生高反差图形，出现在传感器上的图形会显示物体表面的细节，即使是光滑表面；反之，若以不一致的 LED 作为光源，则这类表面看起来会完全一样。激光鼠标的精确度要比传统光学鼠标平均高 20 倍。如图 2-29 所示为一款激光鼠标器。

图 2-29　激光鼠标器

光电鼠标的工作原理是，在光电鼠标内部有一个发光二极管，通过该发光二极管发出的光线，照亮光电鼠标底部表面（这就是为什么鼠标底部总会发光）。然后将光电鼠标底部表面反射回的一部分光线，经过一组光学透镜，传输到一个光感应器件（微成像器）内成像。这样，当光电鼠标移动时，其移动轨迹便会被记录为一组高速拍摄的连贯图像。最后利用光电鼠标内部的一块专用图像分析芯片（DSP，即数字微处理器），对移动轨迹上摄取的一系列图像进行分析处理，通过对这些图像上特征点位置的变化进行分析，来判断鼠标的移动方向和移动距离，从而完成光标的定位。

思考与练习2-3

（1）常见的激光器有＿＿＿＿＿、＿＿＿＿＿、＿＿＿＿＿、＿＿＿＿＿四种。

（2）简述各类激光器的特点。

（3）简述激光二极管的工作原理。

2.4　激　光　调　制

要用激光作为传递信息的工具，首先要解决如何将传输信号加到激光辐射上的问题，把信息加载于激光辐射的过程称为激光调制，完成这一过程的装置称为激光调制器。由已调制的激光辐射还原出所加载信息的过程则称为解调。因为激光实际上只起到了"携带"低频信号的作用，所以称为载波，而起控制作用的低频信号是需要传递的信息，称为调制信号，被调制的载波称为已调波或调制光。把激光调制比做人坐车，则人相当于低频信号即调制信号，激光相当于车，人在车上相当于已调波，人下车相当于解调。按调制的性质而言，激光调制与无线电波调制相类似，可以采用连续的调幅、调频、调相及脉冲调制等形式。

2.4.1　激光调制的种类

1．调幅

调幅就是使光载波的幅度随着调制信号的变化规律而改变，如图 2-30 所示。

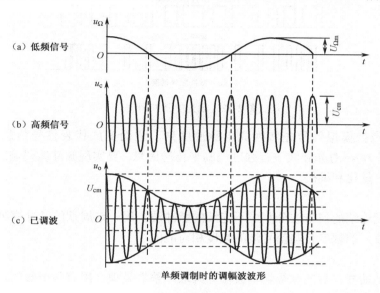

图 2-30　激光的调幅

2．调频、调相

调频或调相就是使光载波的频率或相位，随着调制信号的变化规律而改变。因为这两种调制波都表现为总相角的变化，故统称为角度调制，如图 2-31 所示。

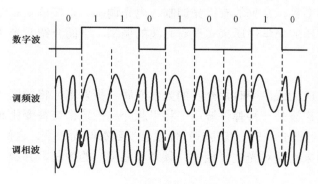

图 2-31　激光的调频和调相

3．脉冲调制

在目前的光通信中，还广泛采用一种在不连续状态下进行调制的脉冲调制和数字调制。

先进行电调制，再对光载波进行光强度调制。强度调制是指光载波的强度（光强度）随调制信号变化的调制，如图 2-32 所示。

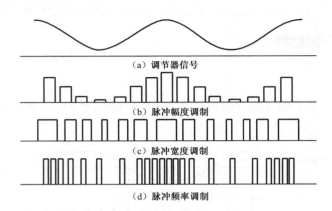

（a）调节器信号

（b）脉冲幅度调制

（c）脉冲宽度调制

（d）脉冲频率调制

图 2-32　激光的脉冲调制

这种调制是把模拟信号先转换成电脉冲序列，进而变成代表信号信息的二进制编码（PCM 数字信号），再对光载波进行强度调制来传送信息。要实现脉冲编码调制，需要经过三个过程：抽样、量化和编码。

（1）抽样

抽样就是把连续的信号波分割成不连续的脉冲波，用一定周期的脉冲序列来表示，且脉冲列（称为样值）的幅度是与信号波的幅度相对应的。

（2）量化

量化就是把抽样之后的脉幅调制波做分级取"整"处理，用有限个数的代表值取代抽样值的大小。

（3）编码

编码是把量化后的数字信号转换成对应的二进制代码的过程。

2.4.2　激光调制的方式

光的调制方式有多种，常见的有声光调制、电光调制、直接调制和磁光调制。它们共同的特点是通过改变介质的光学性质来实现对光波的调制。下面介绍声光调制。

1．声光效应

介质中存在弹性应力或应变时，介质的光学性质（折射率）将发生变化。当超声波在介质中传播时，由于超声波是一种弹性波，它将引起介质的疏密交替变化而导致介质的折射率发生改变，当光波通过此介质时，其传输特性就会受到影响而改变，这种现象称为声光效应。声光效应已被广泛用来实现对光波（相位、频率和幅度）的控制，并做成各种声光调制器、光偏转器等。

2．电声换能器晶片的物理特性

换能器一般采用石英晶片，在石英晶片上加一个交变电场，当电场的频率等于晶片的固有机械振动频率时，弹性振动的幅值达到最大值。

3. 声光调制器

① 声光调制器的组成：由声光介质、电声换能器及驱动电信号等组成，如图 2-33 所示。

② 声光调制的原理：是利用声光效应将信息加载于光频载波上的一种物理过程。调制信号是以电信号（调幅）的形式作用于电声换能器上，形成变化的超声场，当光波通过声光介质时，由于声光作用，使光载波受到调制而成为"携带"信息的强度调制波。

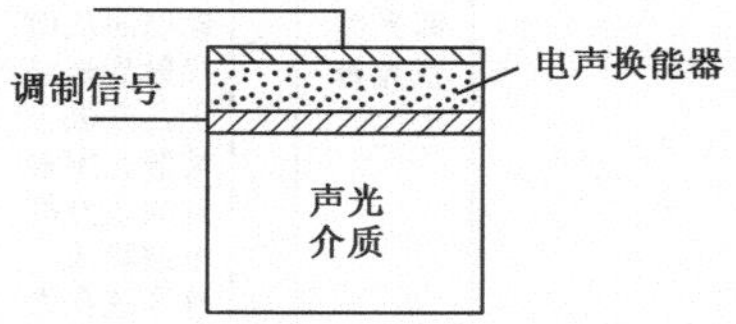

图 2-33　声光调制器

2.4.3　激光的调制的应用实例——激光打印机

激光打印机以其打印速度快、打印品质高、性能卓越、操作简单等优点，在人们的日常工作中越来越受到青睐。如图 2-34 所示为一款激光打印机。

图 2-34　激光打印机

激光打印机就是声光调制的例子，下面对激光打印机进行分析。

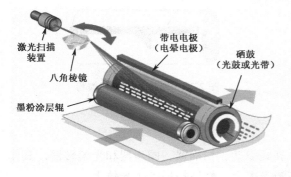

图 2-35　激光打印机的基本组成

1. 激光打印机的基本组成

激光打印机由激光扫描装置、八角棱镜、硒鼓、带电电极、墨粉涂层辊、清洁器 6 部分组成，如图 2-35 所示。

2. 激光打印机的工作原理

（1）激光打印机的工作过程

通常将激光打印机的工作过程分为 6 步，如图 2-36 所示。

① 充电：电晕电极将静电投射到光鼓或者光带（硒鼓）上。

② 曝光：激光发射器所发射的激光照射在一个棱柱形反射镜上，随着反射镜的转动，光线从硒鼓的一端到另一端依次扫过（中途有各种聚焦透镜，使扫描到硒鼓表面的光点非常小），硒鼓以 1/300 英寸或 1/600 英寸的步幅转动，扫描又在接下来的一行进行。硒鼓是一只表面涂覆了有机材料的圆筒，预先带有电荷，当有光线照射时，受到照射的部位会发生电阻的变化。计算机发送来的数据信号控制着激光的发射，扫描在硒鼓表面的光线不断变化，有的地方受到照射，电阻变小，电荷消失，有的地方没有光线射到，仍保留有电荷。最终，硒鼓表面就形成了由电荷组成的潜影。如图 2-37 所示为曝光示意图。

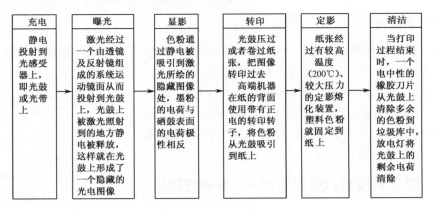

图 2-36　激光打印机的工作过程

③ 显影：墨粉所带电荷与硒鼓表面的电荷极性相反，如图 2-38 所示为墨粉施加辊与墨粉带电情况图。当带有电荷的硒鼓表面经过涂墨辊时，有电荷的部位吸附墨粉颗粒，潜影就变成了真正的影像。

④ 转印：硒鼓表面的墨粉被电荷吸引到打印纸上，图像就在纸张表面形成。

⑤ 定影：高温度（200℃）和较大压力的定影熔化装置使塑料质的墨粉被熔化，在冷却过程中固着在纸张表面。

⑥ 清洁：当打印过程结束时，将光鼓上的剩余电荷及没有完全转移的残余墨粉清除，以便进入下一个打印循环。

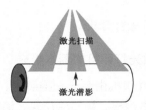

图 2-37　曝光示意图

图 2-38　墨粉施加辊和墨粉

（2）激光扫描装置和激光扫描过程

① 激光扫描装置。

激光扫描装置包括激光器、声光调制器、高频驱动、扫描器、同步器和光偏转器，其作用是将接口电路送来的二进制点阵信息调制在激光束上，然后扫描到感光体上。

a．激光器。

激光器是激光扫描系统的光源，它具有方向性好、单色性强、相干性高和能量集中、便于调制和偏转等优点。

常用的激光器有两种，一种是氦-氖气体激光器，波长为 632.8nm。由于其输出功率较高、体积大、可靠性高（寿命大于等于 1 万小时）和噪声小等优点，在早期的大型激光打印机中采用较多。另一种是半导体激光器，半导体激光器的型号较多，常见的是镓砷-镓铝砷（GaAs–GaAlAs）系列。它的波长小于等于 800μm，可与感光硒鼓的波长灵敏度特性相匹配。半导体激光器的体积小，成本低，可直接进行内部调制，因而，它问世不久就被日、美等国相继采用，作为轻便型台式激光打印机的激光源。

b．声光偏转调制器。

如果让激光束入射到超声媒质中，激光束就会产生衍射，衍射光的强度和方向随超声波的频率和强度而变化，这就是声光效应。只有一种频率的高频信号入射到超声媒质中时，激光束除产生未偏转的原激光外，还产生一条衍射光，声光调制器在改变光束的传播时还使原激光和衍射光的强度随调制信号而变化；如果有若干个不同的高频正弦波加到换能器上，就可以产生若干条衍射光，这种现象称为多频衍射。

高频驱动电路的作用是产生多个高频正弦波信号供声光调制器使用。

典型的高频信号源可产生 64～96MHz 的 9 个高频信号，经声光器件产生 9 条衍射光。这 9 条高频信号要求频率稳定，波形失真小，在相加电路中相加到一起送往换能器时，要求各个频率的信号相互影响小，不产生畸变，以保证经衍射后的衍射光有较好的线性。

c．扫描器。

要使经调制后的激光光束在感光硒鼓上产生文字和图像，需要完成横向（沿打印纸行的方向）和纵向两个方向的运动。纵向运动可以依靠硒鼓的旋转来完成，光束的横向运动则是由扫描器来完成的。

d．同步器。

同步器的作用是减小误差。

② 激光扫描过程。

由激光器发射出的激光束，经反射镜射入声光偏转调制器，同时，由计算机送来的二进制图文点阵信息由接口送到字形发生器，形成需要字形的二进制脉冲信息。由同步器产生的同步信号控制 9 个高频振荡器，再经频率合成器和功率放大器加到声光调制器上，对由反射镜射入的激光束进行调制，调制后的光束射入多面转镜，再通过广角聚焦镜将光束聚焦后射到光导鼓表面，使角速度扫描变成线速度扫描，从而完成整个扫描过程，如图 2-39 所示。再经过充电、曝光、转印、显影、定影、清洁，即可进入新的一轮工作周期。

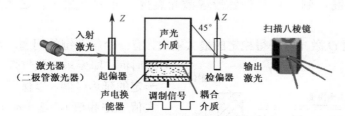

图 2-39　激光打印机的激光扫描装置

思考与练习2-4

（1）激光调制有＿＿＿＿＿＿＿、＿＿＿＿＿＿＿、＿＿＿＿＿＿＿等方式。

（2）激光调制的种类有＿＿＿＿＿＿＿、＿＿＿＿＿＿＿、＿＿＿＿＿＿＿。

（3）简述激光打印机的工作过程。

2.5　激光调 Q 技术

调 Q 技术的出现和发展，是激光技术及其应用的一个重大进展。它是将激光的全部能量压缩到宽度极窄的脉冲中发射，从而使光源的峰值功率提高几个数量级的一种技术，推动了诸如激光测距、激光雷达、高速全息照相等应用技术的发展。

2.5.1　激光调 Q 技术的定义

1．品质因数 Q

Q 指谐振腔的损耗因子，它定义为腔内储存的能量与每秒损耗的能量之比，Q 值越高，越容易产生激光振荡。调 Q 就是调节谐振腔的损耗率。激光振荡需要足够的增益，当损耗过大时，增益不够，激光停止振荡。所以，调 Q 能控制激光的振荡，得到高的峰值频率和窄的单个脉冲（即激光巨脉冲）。

2．调 Q 的过程

在激光器开始工作时，先使激光谐振腔处于低 Q 值状态，此时工作物质不断积累粒子。当粒子数积累到最大值时，使 Q 值突然阶跃性升高，激光谐振腔立即雪崩式地建立起极强的激光振荡，在极短的时间内输出激光巨脉冲，激光功率变大。

2.5.2　激光调 Q 技术的应用实例——转镜调 Q 技术

如图 2-40 所示是转镜调 Q 激光的示意图。它是把脉冲激光器谐振腔的全反射镜子用一个直角棱镜取代，该棱镜安装在一个高速旋转电动机的转子上，由于它绕垂直于腔的轴线作周而复始的旋转，因此，构成一个以 Q 的值作周期变化的谐振腔。当泵辅氙灯点燃后，由于棱镜面与腔轴不垂直，反射损耗很大，此时腔的 Q 值很低，所以不能形成激光振荡。在这段时间内，工作物质在光泵的激励下，激光上升能级反转粒子数大量积累，同时棱镜面也逐渐转到接近与腔轴垂直的位置。之后，工作物质在光泵的持续激励下，激光上升能级反转粒子数最大积累，同时棱镜面也逐渐转到接近与腔垂直的位置，腔的 Q 值逐渐升高，到一定时刻就形成激光震荡，并输出脉冲。这就是转镜调 Q 的工作原理。

要使用转镜调 Q 激光器获得稳定的最大输出，有一个很关键的问题，就是准确地控制延迟时间。即要求在氙气灯点燃之后需要经过一定的延迟时间，以保证反转粒子数达到极大值（饱和值），这个时间恰好等于棱镜转到空腔位置（两反射镜相平行的位置）所需要的时间，使之形成激光振荡，才能获得最大激光功率输出。因此，过早或过迟地产生激光振荡都是不理想的。从实验中可知存在一个最佳的延迟时间。图 2-40 表示了转镜调 Q 的运转过程。

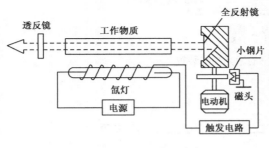

图 2-40　转镜调 Q 激光示意图

思考与练习2-5

（1）调 Q 的目的是＿＿＿＿＿＿＿＿＿＿＿＿＿＿＿＿＿＿＿＿＿＿＿＿＿＿＿。

（2）简述调 Q 的过程。

2.6　激光的应用

　　激光是 20 世纪 60 年代的新光源，距今为止只有几十年，但它已经对我们的生活方式产生了重大的影响。由于激光具有方向性好、亮度高、单色性好、相干性好等特点而得到广泛应用，如激光测距、激光钻孔和切割、地震监测、激光手术等。激光通信使我们在地球每个角落都能进行信息交流，激光唱盘可以使我们亲耳聆听世界名曲的现场演奏。总之，激光正实现着大量的技术奇迹，从工业生产到医学，从电讯通信到战争武器，科学和技术正运用激光解决着一个又一个难题。

2.6.1　激光在加工业上的应用

　　激光是 20 世纪的重大发明之一，它具有高亮度、良好的单色性、相干性和方向性这四大特性。由于激光加工是无接触加工，对工件无直接冲击，因此无机械变形，无冲击噪声；激光加工过程中无"刀具"磨损，无"切削力"作用于工件；激光加工过程中激光束能量密度高，加工速度快，并且是局部加工，对非激光照射部位没有或影响极小。因此，其热影响区小，工件热变形小，后续加工最少。又由于激光束易于导向、聚焦、实现方向变换，极易与数控系统配合对复杂工件进行加工，因此激光加工是一种极为灵活便捷的加工方法，生产效率高，加工质量稳定可靠，经济效益和社会效益好。如图 2-41 所示是激光加工的产品，很精细。

图 2-41　用激光加工的金属工艺品

　　因为激光的高能量密度，所以激光加工适用于大部分的金属（碳钢、不锈钢、铝、铝合金、钛合金等）及非金属材料（玻璃、有机玻璃、纤维板、木材、纸张等），尤其是其他工艺方法无法加工的超硬材料和稀有金属等。其广泛适用于汽车、冶金、电气仪表、微电子、五金、机械制造、装饰装潢、包装、印刷、交通运输、制药、卷烟等行业。

1．激光切割

　　激光切割是采用激光束照射到钢板表面时释放的能量来使不锈钢熔化并蒸发。激光源一般用二氧化碳激光束，工作功率为 500～2500W。该功率比许多家用电暖气所需的功率还低，但是，通过透镜和反射镜，激光束聚集在很小的区域。

　　与其他切割工艺相比，激光切割具有高速度、高精度和高适应性，割缝细、热影响区小（变形小）、切割端面质量好、切割无噪声、焊缝区组织和性能与母材接近等优点；而且，加工只需简单的夹具，无须模具，可代替采用复杂模具冲切的加工方法，能够大大缩短生产周期，降低生产成本。例如，可以对石油筛管进行切缝；可以对金属管材、板材进行切割，利用激光切缝技术可以降低金刚石圆锯片工作过程中产生的严重噪声污染等。

利用激光切割设备可切割 4mm 以下的不锈钢，在激光束中加氧气可切割 8～10mm 厚的不锈钢，但加氧切割后会在切割面形成薄薄的氧化膜。切割的最大厚度可增加到 16mm，但切割部件的尺寸误差较大。图 2-42 所示为激光切割的工程图。

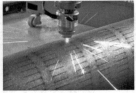

图 2-42　激光切割工程图

2．激光打孔

激光打孔技术由于速度快、效率高、经济效益好、应用领域广等优点，在工业生产上有着非常广泛的应用，可以在纺织面料、皮革制品、纸制品、金属制品、塑料制品上进行打孔切割等操作。应用领域包括制衣、制鞋、工艺品礼品制作、机器设备、零件制作等。如图 2-43 所示是用激光打孔的作品，这是利用了激光的高方向性（定向发光），作品精细。

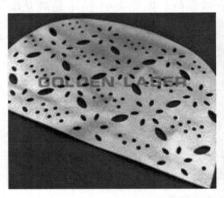

图 2-43　用激光打孔的作品

3．激光焊接技术

与其他焊接方法相比，激光焊接技术不需要电极和填冲材料，可实现定域加热；保证高速加热；因为焊接时无机械接触，排除了无关物质落入被焊零件的可能，焊接区几乎不受污染；可以对高熔点、难熔金属或不同厚度、不同金属材料进行焊接。例如，利用激光焊接金刚石圆锯片及钻头，可以提高基体与金刚石刀头的结合强度，而且几何精度高，能用于干切，克服了刀齿脱落的现象。如图 2-44 所示为激光焊接示意图。

20 世纪 80 年代中期，激光焊接作为新技术在欧洲、美国、日本得到了广泛的关注。1985 年，德国蒂森钢铁公司与德国大众汽车公司合作，在 Audi100 车身上成功采用了全球第一块激光拼焊板。90 年代欧洲、北美、日本各大汽车生产厂开始在车身制造中大规模使用激光拼焊板技术。目前，无论实验室还是汽车制造厂的实践经验，均证明了拼焊板可以成功地应用于汽车车身的制造。如图 2-45 所示为激光焊接汽车车身。

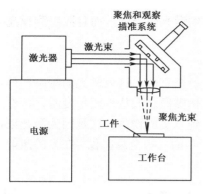

图 2-44　激光焊接示意图

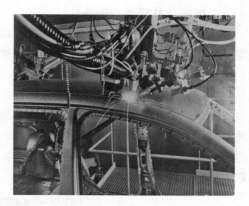

图 2-45　激光焊接汽车车身

4．激光淬火技术

激光淬火技术又称激光相变硬化，是利用聚焦后的激光束照射到钢铁材料表面，使其温度迅速升高到相变点（物质系统中物理、化学性质完全相同，与其他部分具有明显分界面的均匀部分称为相。与固、液、气三态对应，物质有固相、液相、气相）以上，当激光移开后，由于仍处于低温的内层材料的快速导热作用，使表层快速冷却到相变点以下，获得淬硬层。激光淬火技术具有加热速度快、淬火硬度高、淬火部位可控、不需要淬火介质等优点。

2.6.2　激光全息技术

在普通的摄影中，照相机拍摄的景物只记录了景物反射光的强弱，也就是反射光的振幅信息，不能记录景物的立体信息。而全息摄影技术，能够记录景物反射光的振幅和相位。在全息影像拍摄时，记录下光波本身及两束光相对的相位，是立体的影像。

1．激光全息照相的基本原理

全息照相是一种利用波的干涉记录被摄物体反射（或透射）光波中信息（振幅、相位）的照相技术。它先摄制全息图的感光片，再将感光片显影，最后用光照射感光片显示物体的图像。

（1）摄制全息图的感光片

如图 2-46 所示为摄制全息图感光片的示意图，激光光束分成两束，一束照在反光镜上，一束照在被摄物体上，反光镜的反射光（一束参考光）和被摄物的反射光都照在感光片上，两束光在感光片上叠加产生干涉，感光底片上各点的感光程度不仅随强度也随两束光的位相关系而不同。所以全息摄影不仅记录了物体上的反光强度，也记录了相位信息。相位是由实物与参考光线之间的位置差异造成的。感光片显影后成为全息图。

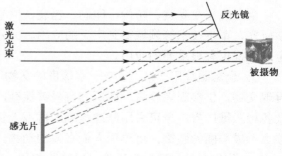

图 2-46　摄制全息图感光片的示意图

（2）摄制全息感光片的条件

为了满足产生光的干涉条件，通常要用相干性好的激光作光源，而且照射到反光镜的光和照射物体的光是从同一束激光中分离出来的。

（3）全息图再现立体图

全息图并不直接显示物体的图像，用一束激光照射全息图，这束激光的频率和传输方向应该与参考光束完全一样，于是就可以再现物体的立体图像。人从不同角度看，可看到物体不同的侧面，就好像看到真实的物体一样，只是摸不到真实的物体。这是因为激光束在全息图的干涉条纹上衍射而重现原物的光波。如图2-47所示的三幅全息影像，在光的照射下能看到立体影像。

图2-47　全息影像

2．全息图的特点

① 全息图的一小部分就可再现整个物体：在摄制全息图的感光片上，每一点都接收到整个物体反射的光，因此，全息图的一小部分就可再现整个物体。

② 白光再现物体的照片：用感光乳胶厚度等于几个光波波长的感光片，可在乳胶内形成干涉层，制成的全息图可用白光再现。

③ 立体感和色彩丰富：如果用红、绿和蓝三种颜色的激光分别对同一物体用厚乳胶感光片摄制全息照片，经过适当的显影处理后，可得到能在白光（太阳光或灯光）下观察的有立体感和丰富色彩的彩色全息图。

3．全息技术的应用

全息照相在观赏、防伪、印刷、包装、信号记录、形变计量、计算机存储、生物学和医学研究、军事技术等领域得到广泛的应用。另外，红外、微波和超声全息技术，全息电影和全息电视也有很重要的应用。

① 全息照片用于观赏：把一些珍贵的文物用这项技术拍摄下来，展出时可以真实地立体再现文物，供参观者欣赏，而原物可妥善保存，以防失窃。大型全息图既可展示轿车、卫星及各种三维广告，也可采用脉冲全息术再现人物肖像、结婚纪念照。小型全息图可以戴在颈项上形成美丽的装饰，可再现人们喜爱的动物，多彩的花朵与蝴蝶。

② 防伪标签：激光全息除可用来照相外，还可将全息图与印刷业模压技术结合起来，成为我们常见的激光防伪标签。可作商标防伪，还可作证件卡、银行信用卡，甚至钞票上的防伪标志。如图2-48所示为各种激光防伪标签。

图 2-48　激光防伪标签

③ 全息照相在印刷与包装中的应用：可以是装饰在书籍中的全息立体照片，以及礼品包装上闪耀的全息彩虹，也可成为生动的卡通片、贺卡、立体邮票等，使人们体会到 21 世纪印刷技术与包装技术的新飞跃。

④ 红外、微波和超声全息技术：除光学全息外，还发展了红外、微波和超声全息技术，这些全息技术在军事侦察和监视上有重要意义。

⑤ 全息电影和全息电视：放映全息电影时，观众看到的景象并不在银幕上，而是在观众之中，使人有身临其境的真实感觉。

2.6.3　激光在军事上的应用

1.　激光致盲武器

激光致盲武器的射击对象是人眼及光学和光电装置等目标。它一般由激光器、精密瞄准跟踪系统、光束控制和发射系统组成。激光器是激光武器的核心，用于产生起致盲作用的激光光束。精密瞄准跟踪系统用于跟踪瞄准所要攻击的目标，引导激光束对准目标射击，如采用红外跟踪仪电视跟踪器或激光雷达等光电瞄准跟踪系统。光束控制和发射系统的作用是将激光束快速准确地聚焦到目标上。战争中激光致盲武器可以在敌方阵地形成一个直径数米的光斑，以每秒 40 次的频率扫射，只要射入眼睛，不到百分之一秒（还来不及眨一下眼睛的时间）眼睛就变失明。激光束还可以沿着观察仪的光路射入坦克内部、掩体背后，杀伤坦克乘员、观察员或射手的眼睛。在一方睁大眼睛盯着对方的战场上，这种激光致盲武器的伤害是防不胜防的。如图 2-49 所示都是激光致盲武器。

　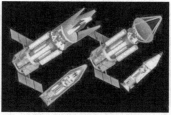　

（a）战术机动高能激光武器　　　　（b）天基激光武器系统　　　　　（c）激光拦截器

图 2-49　激光致盲武器

2.　激光制导炸弹

激光制导炸弹主要由导引头、战斗部和尾翼三大部分组成。激光导引头又分为激光接收器和控制舱两部分；战斗部主要采用通用炸弹，也有采用集束炸弹的；尾翼的作用是增加升力，延长射程。

激光制导的基本原理是：导引头上装有光学系统和四象限光探测元件，接收由目标反射的激光能量，经处理输出表征目标视线与制导炸弹速度方向之间的角视差信号，形成制导指令，输送给舵机，转动相应舵面，产生控制力，从而修正飞行弹道。据报导，美军使用的激光制导炸弹，其轰炸精度的圆周概率误差不大于 10m，而普通炸弹则为 100m 左右。如图 2-50 所示为激光制导炸弹。

（a）俄制激光制导炸弹　　（b）雷霆3型激光制导炸弹导引头　　（c）GBU-12激光制导炸弹

图 2-50　激光制导炸弹

3．激光报警器

激光报警器的原理是让一个光束围绕待监视的地区，当有人进入该地区时，遮断光线，报警器就会发出特定的信号，引起守卫者的注意，以便采取适当的措施。如图 2-51 所示是一种激光报警器。和可见光电报警器比较起来，半导体激光器有很多优点。

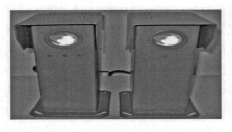

图 2-51　激光对射报警器

① 发射的是红外线，肉眼看不见。

② 发射是脉冲式的，可以编码，使伪充信号失效，又无法干扰。

③ 半导体激光器效率高，可产生高峰值功率，从而延长有用时间和作用距离。

④ 方向性好，可用棱镜折射，或用反射镜反射没有普通光的色散和发散。

上述特点可使激光束像一道不可见的围墙一样围绕一定区域，交叉封锁特定的出入口，或者拖出一条很长的尾轨，进行探测和搜索。当光束被遮挡时远处的报警器就会响起来，有经验的使用者还可以从各种不同的信息判断闯入目标的类别。这种装置可以应用于机场、仓库、军营及其他秘密设施，协助警卫人员做好保卫工作。

4．激光炮

激光炮是一种高能激光武器，利用强大的定向发射激光束直接毁伤目标或使之失效。根据作战用途，这种新型武器分为战术激光武器和战略激光武器两大类。战术激光武器是利用激光作为能量，像常规武器那样直接杀伤敌方人员，击毁坦克、飞机等，打击距离一般可达 20 千米。这种武器的主要代表有激光枪和激光炮，它们能够发出很强的激光束来打击敌人，如图 2-52 所示是激光炮发射激光的图片。

图 2-52　激光炮

2.6.4　激光医学

激光医学是激光技术的新领域，1960 年世界上第一台红宝石激光器问世后，1961 年即用于治疗视网膜脱落，1963 年激光光刀用于肿瘤切割，20 世纪 70 年代医用激光治疗机在临床各科得到广泛应用。1981 年联合国卫生组织正式宣布激光医学为医学的一个新分支。激光以其特有的优越性能解决了许多传统医学的难题。激光治疗最早用于眼科，对视网膜剥离眼底血管病变、虹膜切开、青光眼等一大批眼科疾患均能用激光治疗。激光手术刀具有术中出血少、可减少细菌感染等优点。激光与中医针灸术结合而形成的"光针"，对镇痛、哮喘、遗尿、高血压等有一定疗效。激光技术为现代医学提供了一种"神力"，能够治疗内科、外科、眼科、皮肤、肿瘤和耳鼻喉科的一百多种疾病。激光已成为有益于人类的幸福之光、生命之光。

1．激光手术

最先使用的激光手术刀原理其实很简单，都是利用激光能量密度极高的特点切割人体组织，几毫秒内即可使照射的生物组织局部温度达到 200～1000℃，产生凝固性坏死或汽化，一般用于外科手术治疗，如图 2-53（a）所示。

冷激光手术刀用于治疗近视手术中。利用激光产生高温的手术刀会对组织产生热损伤，对眼球这样的脆弱器官是致命的伤害。而激光近视手术使用的准分子激光属于冷激光，无热效应，是方向性强、波长纯度高、输出功率大的脉冲激光，光子能量波长范围为 157～353nm，寿命为几十毫微秒，属于紫外光。最常见的波长有 157nm、193nm、248nm、308nm、351～353nm。它治疗近视的安全性就来自于冷激光不会灼烧眼睛，其波长特性使手术不会穿透眼角膜，如图 2-53（b）所示。

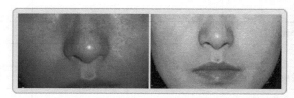

（a）激光去斑前后对照　　　　　　　　　　（b）冷激光为眼睛表面进行手术

图 2-53　激光手术

2．激光美容

激光用于美容方面，可治疗各种血管性皮肤病及色素沉着，如黑痣、鲜红斑痣、雀斑、老年斑等，也可去纹身、洗眼线、洗眉等。近年来一些新型激光仪，还可进行除皱、磨皮换肤、美白牙齿等。

思考与练习2-6

（1）举几个激光的应用实例，并说明是利用了激光的什么特性。

（2）简述全息照相的过程和原理。

（3）全息照相的特点是_____、_____、_____。

（4）全息照相有_____、_____、_____、_____等方面的应用。

项目小结 ▶---

　　光和物质作用有自发辐射、受激辐射、受激跃迁三种方式。

　　激光器的工作原理是，若原子或分子等微观粒子具有高能级 E_2 和低能级 E_1，E_2 和 E_1 能级上的布居数密度为 N_2 和 N_1，在热平衡情况下 $N_2 < N_1$，所以自发吸收跃迁占优势，光通过物质时通常因受激吸收而衰减。外界能量的激励可以破坏热平衡而使 $N_2 > N_1$，这种状态称为粒子数反转状态。在这种情况下，受激辐射跃迁占优势。自发辐射光子不断产生，同时射向工作物质，再激发工作物质产生很多新光子（受激辐射）。光子在传播中一部分射到反射镜上，另一部分则通过侧面的透明物质跑掉。光在反射镜的作用下又回到工作物质中，激发高能级上的粒子向低能级跃迁，产生新的光子。在这些光子中，不在沿谐振腔轴方向运动的光子不与腔内的物质作用；沿轴方向运动的光子，经过谐振腔中的两个反射镜多次反射，使受激辐射的强度越来越强，促使高能级上的粒子不断地发出光来。如果光放大到超过光损耗（衍射、吸收、散射等损失）时产生光的振荡，使积累在沿轴方向的光从部分反射镜中射出，这样就形成激光。

　　激光器有液体激光器、气体激光器、固体激光器、半导体激光器，各自均有其独特的特点。

　　激光器的应用很广泛，在工业加工、印刷、景观艺术、激光光盘、全息防伪、医学手术治疗、军事武器上都有很重要的应用。

自我评价

项　　目	目 标 内 容	存 在 问 题	掌 握 情 况	收 获 大 小
知识目标	掌握激光的产生、特点			
	掌握激光器的结构和工作原理			
	了解激光在各方面的应用			
技能目标	会测试二极管激光器的特性曲线			
	会使用光电实验室的各种仪器和元件			

第 3 章

红外技术

红外技术是一门研究红外辐射的产生、传播、转化、测量及应用的技术科学。近几十年来，红外技术在军事、科学、工农业生产、医学等各方面的应用都有了较快的发展，并且显示出巨大的潜力。

3.1　红外线的发现

1. 太阳光谱

我们知道，太阳光看上去是白色的。但是如果让一束太阳光通过一个玻璃三棱镜，然后投射到白色幕布上，那么出现在白色幕布上的不再是白光，而是一条由红、橙、黄、绿、青、蓝、紫等色组成的彩色光带，如图 3-1 所示。这个"分光实验"说明：白色的太阳光原来是由多种彩色光混合而成的，利用三棱镜可以把它分解成由多种彩色光组成的彩色光带。在物理学上通常把这个彩色光带称为"太阳光谱"。

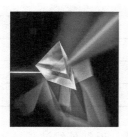

（a）三菱镜分光实验

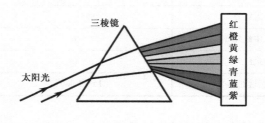

（b）太阳光由七色光组成

图 3-1　三棱镜对太阳光的分光

2. 红外光的发现

看到太阳光谱后，自然会产生这样的问题：在光谱的两侧，也就是红光和紫光外面还有没有其他东西存在呢？各种彩色光，除了颜色不同外，还有没有其他不同的特性呢？比如说，人受到太阳光的照射会感到热，这种热效应是不是各色光都是相同的？正是由于后一个问题，1800 年英国的天文学家赫谢耳（Herschel）在用水银温度计研究太阳光谱中各种彩色光的热效应时，发现了热效应从紫光到红光逐渐增大，而红光的外侧产生的热效应最大。这就表明，太阳光谱的红光之外还有一种东西存在，我们称它为"不可见光"。后来经过数十年的研究，逐渐证明这种不可见光与各种彩色光是同一类东西，很多物理性能都是相同的，只是由于人们的眼睛看不到它，才一直不知道它的存在。由于它是位于太阳光谱的红光外侧，很自然地被称为"红外光"，也称为红外线或红外辐射。

3. 电磁波谱

红外线的波长范围大约为 0.78～1000μm，它与可见光、紫外线、X 射线、γ 射线和微波、无线电波一起构成了整个无限连续电磁波谱，如图 3-2 所示。它是电磁波的一种，因此它在真空中的传播速度约为 $3×10^8$m/s。

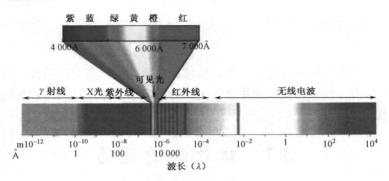

图 3-2　电磁波谱

4. 红外线分段

在红外技术中，通常把整个红外辐射波段按波长分为 4 个波段，见表 3-1。这里所指的近、中、远是指红外辐射在电磁波谱中与可见光的距离。

表 3-1　红外辐射波段表

名　　称	波长范围/μm	简　　称
近红外	0.75～3	NIR
中红外	3～6	MIR
远红外	6～15	FIR
极远红外	15～1 000	XIR

近红外线和中红外线应用于各种电子设备中，如遥控器；近红外线波长较短，热效应显著，中红外线还可用于在遥感中监测森林火灾；远红外线具有较强的渗透力和辐射力，作用于人体时能促进血液循环，加强新陈代谢，可应用于医疗保健仪器。

5. 红外线的特点

① 波长较大，容易发生衍射现象，可以穿过云雾和烟尘。

② 红外线有较强的热效应，可以用于红外加热。

③ 红外线不能被人眼所观测，所以必须用对红外线敏感的红外探测器才能感应到它的存在。

④ 红外线发射的强度与物体的温度有关，在医学上红外成像仪用来检查患者身体的发病部位就是应用了这个特点。

⑤ 红外线的光子能量比可见光小，如 10μm 波长的红外光子的能量大约是可见光子能量的 1/20。

6．红外线的危害

红外线是一种热辐射，对人体可造成伤害。较强的红外线可造成皮肤伤害，起初是灼伤，然后造成烧伤。红外线还可能对眼睛造成伤害：波长为 0.75～1.3μm 的红外线可造成眼底视网膜的伤害；波长 1.9μm 以上的红外线会造成角膜烧伤；波长 1.3μm 以下的红外线会造成虹膜伤害。另外，人眼如果长期暴露于红外线照射下，可能会引起白内障。

思考与练习 3-1

（1）红外线的波长范围大约是＿＿＿＿＿＿＿＿，根据红外辐射在电磁波谱中与可见光的距离，可将其分为＿＿＿＿＿＿、＿＿＿＿＿＿、＿＿＿＿＿＿和＿＿＿＿＿＿四个波段。

（2）简述红外线的特点。

（3）红外线对人体有可能产生什么危害？

3.2 红外线的产生、传播和接收

通过前面的学习，我们知道在我们的周围到处都有这种无法用肉眼看见的红外"光"。那么，它是如何产生的呢？作为一种电磁波，它能否在大气中传播？要如何去检测它的存在？如何去测量它的强弱呢？这些就成为我们深入认识红外辐射和利用它来为我们服务首先要了解的问题。

3.2.1 红外线的产生

在自然界中，只要温度高于绝对零度（–273.15℃）的物体都在不断向外辐射红外线，我们把这种现象称为热辐射。因此，任何实际物体都可以看成是辐射源，只是辐射强度不同而已。发射红外线的物体或器件称为红外辐射源，下面介绍常见的几种。

1．标准辐射源

标准辐射源在红外技术中经常用于测量各种材料的吸收、透射和反射系数，在实验室里常用作红外仪器或系统的定标等。

（1）能斯脱灯

① 能斯脱灯的结构：能斯脱灯是用难熔氧化物（二氧化锆 ZrO_2 和氧化钇 Y_2O_2）压制成直径 1～3mm、长 20～30mm 的乳白色圆棒制成的，如图 3-3 所示。管子两端绕有铂丝，作为电极与电路的连接，要求用很稳定的直流或交流供电。在室温下它是非导体，在工作之前必须对其进行预热。当用火焰或电热丝对其加热到 800℃时，开始导电。

② 能斯脱灯的主要优点：具有寿命长、工作温度高和不需要水冷等特性。它可以在空气中点燃，而无须玻璃外壳及红外透射窗。它是近代红外技术中常用的辐射光源之一。一种典型的能斯脱灯的参数值为：功率消耗为 45W（0.1A）；工作温度 T_c = 1980K；尺寸为 ϕ 3.1mm×12.7mm。

图 3-3　能斯脱灯

③ 能斯脱灯的应用：常用来作为红外分光光度计中的红外辐射源。

 知识拓展

红外分光光度计是一种用棱镜进行分光的红外光谱仪，主要部件是光源、单色器（将光源发出的光分离成所需要的单色光的器件称为单色器）和检测器。其工作原理为，先由光源发出红外线，通过单色器转化为各波长的辐射，通过物质后再由检测器接收辐射。把物质吸收波长的情况记录下来，从而可推测化合物的类型和结构。

K 为温度的单位开尔文，开尔文（K）温度 = 摄氏温度（℃）+ 273.15

（2）硅碳棒

① 硅碳棒的结构：硅碳棒是用一种含 SiC 超过 95% 的材料制成的棒状或管状辐射源。硅碳棒的直径为 6～50mm，长度从几厘米到 1 米。如图 3-4 所示为硅碳棒电热元件。

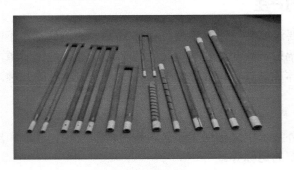

图 3-4　硅碳棒电热元件

② 一种典型硅碳棒的工作条件：功率消耗为 200W（6A）；工作温度 T_c = 1470K；尺寸为 ϕ 5.1mm×203mm。

③ 硅碳棒的优点：机械强度好，工作寿命长，使用简便，受电压波动影响较小。

④ 硅碳棒的缺点：最高工作温度较低，需要镇流的电源设备；由于碳化硅材料的升华效应，会使材料粉末沉积在光学仪器表面，因此它不能靠近精密光学仪器附近工作；工作时需要水冷装置，耗电量较大。

⑤ 硅碳棒的应用：一般大尺寸的硅碳棒常用于工业生产中，作为红外加热元件；小尺寸的硅碳棒则广泛应用于红外光度计中，作为高温辐射标准。硅碳棒在空气中的工作温度一般为 1200～1400K，寿命约为 250h。若温度超过 1500K，则棒体将被氧化而损坏。如果在棒表面涂上二氧化钛保护层，可使工作温度提高到 2200K。

（3）绝对黑体模型

① 绝对黑体的定义：一般物体受到辐射时，对辐射能量总是有吸收、有反射，吸收部分占总能量的份额称为吸收比，其值在 0～1 之间。黑颜色的物体吸收能力大于白颜色的物体，吸收比也比较大。将吸收比等于 1、能发射所有波长的辐射源叫绝对黑体。自然界并不存在绝对黑体，它是一个理想化的参考模型。

② 在理论研究中设计的绝对黑体：例如，设有一个空心容器，器壁由不透明材料制成，器壁上开有一个小孔，这样即可构成一个黑体。因为当射线射入小孔后，将在空腔中进行多次反射，每次反射器壁的内表面就吸收一部分能量。若小孔孔径开得很小，远远小于容器的表面积，这样，射线即可认为被小孔全部吸收，小孔就可认为是绝对黑体。绝对黑体的发射率也为 1。

③ 绝对黑体的分类：黑体辐射源的类型按工作温度可分为如下几种，1273K 以上的称为高温黑体，工作在近红外波段；373～1273K 的称为中温黑体，工作在中红外波段；223～373K 的称为近室温黑体，工作在远红外波段；低于 223K 的称为低温黑体。

2. 工程用辐射源

（1）钨丝白炽灯

① 白炽灯与爱迪生：固体被加热到很高的温度时，就会发出耀眼的白光，这种状态称为白炽，利用这一原理制成的光源称为白炽灯。人类使用白炽灯泡已有一百多年的历史。提起白炽灯，人们首先会联想起爱迪生。实际上早在爱迪生之前，英国工程师斯旺（j.Swan）从 19 世纪 40 年代末就开始进行电灯的研究。但是，因为当时抽真空的技术还很差，灯泡中的残余空气使得灯丝很快就烧断。因此，这种灯的寿命相当短，仅有个把小时，不具有实用价值。1878 年真空泵的出现，使斯旺有条件再度开展对白炽灯的研究。1879 年 1 月，他发明的白炽灯当众试验成功，并获得好评。1879 年，爱迪生也开始投入对电灯的研究，他认为，延长白炽灯寿命的关键是提高灯泡的真空度和采用耗电少、发光强且价格便宜的耐热材料作为灯丝，爱迪生先后试用了 1600 多种耐热材料，结果都不理想，1879 年 10 月 21 日他采用碳化棉线作为灯丝，把它放入玻璃球内，再启动抽气机将球内抽成真空。结果，碳化棉灯丝发出的光明亮而稳定，足足亮了 10 多个小时。就这样，碳化棉丝白炽灯诞生了，爱迪生为此获得了专利。图 3-5 所示为爱迪生与钨丝白炽灯。

图 3-5　爱迪生与钨丝白炽灯

② 白炽灯的结构：一只普通白炽灯的主要部件是玻壳和灯丝。玻壳做成圆球形，制作材料是耐热玻璃，它把灯丝和空气隔离，既能透光，又起保护作用。白炽灯工作的时候，玻壳

的温度最高可达 100℃左右。灯丝是用比头发丝还细得多的钨丝做成螺旋形，电灯正是靠它来发光的，为防止高温钨丝被氧化，白炽灯内部要抽成真空，以延长灯的使用寿命。

③ 白炽灯的使用寿命：当钨丝工作温度高达 2700℃时，灯泡使用不到一小时就会熄灭；当钨丝工作温度下降到 1700℃，使用寿命可以延长到 1000 小时以上。由此可见，要延长灯的寿命，就要降低它的温度，但同时也就降低了灯的亮度。经过多年的研究，人们注意到，当灯泡里充有氮气时，能不降低钨丝温度同时延长灯的使用寿命。

（2）氙灯

利用高压、超高压惰性气体也可制成辐射源。超高压下的氩、氪、氙等惰性气体在紫外和可见光区域具有连续光谱，而在红外波段则有明显的线光谱叠加在连续光谱上。

在这些惰性气体中，以氙气放电最为常见，利用氙气放电制成的辐射灯叫做氙灯，如图 3-6 所示。氙灯是一种发光功率大、接近日光的灯，分为长弧氙灯、短弧氙灯和脉冲氙灯三类。这种灯的工作气压在 0.5～3.0MPa 范围内，它的实际光谱与太阳光谱很相似，在近红外区域也有很强的辐射。

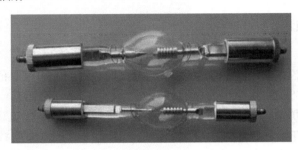

图 3-6　氙灯

（3）碳弧灯

碳弧灯是利用两根接触的碳棒电极在空气中通电后分开时所产生的放电电弧发光的电光源。碳弧灯由英国人戴维于 1809 年发明，但直至 1870 年才进入实用阶段。碳弧是开放式放电，电弧发生在大气中的两个碳棒之间。为使电弧保持稳定，阳极做成有芯结构，一般由外壳和灯芯形成，采用纯碳素材料（炭黑、石墨、焦炭）制作，只是灯芯材料较软。放电时，阳极大量放热，造成碳的蒸发，而灯芯的蒸发比外壳厉害得多，因此便在阳极中心形成稳定的喷火口，其中主要是热辐射。

碳弧的启动方式与一般的放电灯不同。需先将两个电极接触，然后拉开一定距离才能起弧。在放电过程中为了使两个电极的相对位置保持不变，阳极和阴极的电极支架都附有自动移动调节装置。

3．自然辐射源

自然辐射源是指太阳、月球、地球、行星、恒星、云和大气等，如图 3-7 所示。

（1）太阳

太阳是距地球最近的炽热恒星天体，是最强的自然红外辐射源。太阳有将近一半的能量辐射在红外波段，其余 40%在可见光波段，10%在紫外和 X 射线波段。太阳的平均半径为 $6.3638×10^5$km，太阳与地球之间的平均距离 AU $= 1.49985×10^8$km。在地球与太阳距离为 1AU 时，太阳在地球大气层外产生的总辐照度为 $E_0 = 1353$W/m^2。

（a）恒星和行星

（b）地球

（c）天空

图 3-7　几种自然辐射源

随着季节、昼夜时间、辐照地区的地理坐标、云量和大气状态的不同，太阳对地球表面辐照度的变化范围很宽。

（2）月球、行星、恒星、地球

月球和行星的红外辐射由自身辐射和对太阳辐射的反射所组成，月球的辐射可视为一个温度 $T = 400K$ 的绝对黑体。

对于大气密度较大的行星（如火星、金星），其整个行星表面的自身红外辐射大致相同，会受到季节和地形变化较大的影响。反射辐射约有 95%是在近红外区以下，因此大部分行星和恒星都能很容易地被工作在可见光和近红外波段的光学观测系统探测到。

白天，地球表面的辐射是反射和散射太阳光线与地球本身辐射的组合。夜间，远处地表面的反射辐射则观察不到。天快亮时，辐射增强，而当太阳光射线方向与观察方向重合时，辐射达到最大值。日落后，辐射便迅速减弱。

（3）天空

白天，天空背景的红外辐射是散射太阳光和大气热辐射的组合。夜间，因不存在散射的太阳光，天空的红外辐射为大气的热辐射。大气的热辐射主要与水蒸气、二氧化碳和臭氧等的含量有关。

4．红外系统探测相关辐射源

（1）飞机

喷气飞机的红外辐射主要包括被加热的金属尾喷管热辐射、发动机排出的高温尾喷焰辐射、飞机飞行时加热形成的热辐射和对环境（太阳、地面和天空）的反射。

喷气飞机因所使用的发动机类型、飞行速度、飞行高度及有无加力燃料等因素，其辐射情况有很大区别。图 3-8（a）所示为波音 707 飞机。

（a）波音707飞机　　　　　　　　（b）美军M48坦克

图 3-8　红外系统探测相关辐射源

（2）坦克

不同型号的坦克，由于使用的发动机功率不同或效率不同、采用的热伪装与屏蔽措施不同，所发射的红外辐射也不同。如美军 M48 坦克，见图 3-8（b），发动机排气装置位于坦克底部，而苏制 T58 坦克，发动机排气装置位于侧面，发动机性能较差，所以在相同的速度下，T58 型坦克表面的红外辐射温度较高，尤其在排气装置的一侧，辐射温度明显增大。因而，苏制 T58 坦克与美军 M48 坦克相比，在红外波段更容易被探测到。

由于白天太阳对坦克的辐射加热和昼夜环境温度变化，静止状态或运动状态的坦克，其表面温度随时间变化而变化。在日出前 5～6 小时，坦克表面温度最低；日出后，在太阳光的照射加热下，表面温度逐渐升高；大约在下午 2～3 时，坦克表面温度最高，之后表面温度又慢慢下降，一直降到日出前的最小值。

5．人体

人体是一个温度约为 310K（合 36.85℃）的辐射体，辐射位于中红外波段区。人体被皮肤所包裹，因而裸露在外的皮肤温度是皮肤和周围环境之间辐射交换的复杂函数。人体皮肤的发射率很高，在波长 4μm 以上的平均值约为 0.99。当人的皮肤剧烈受冷时，其温度可降低到 0℃。在正常室温下，当空气温度为 21℃时，裸露在外的脸部和手的皮肤温度大约是 32℃。穿上衣服后，辐射将有所下降。人体的辐射本领与人种或肤色无关。

应用提示

图 3-9 所示为非接触式红外电子体温枪。人体是红外辐射源，体温越高，发射的红外线越强，根据这个原理，红外体温枪不与身体接触就可以测量体温。

图 3-9　非接触式红外电子体温枪

3.2.2 红外线的传播

在红外技术的应用中，红外辐射自目标物发射出来后，要在大气中传播相当长的距离，才能到达观测仪器。除去几何的发散，红外辐射在大气中传输时会有很大的衰减，主要是吸收衰减和散射衰减。因此，了解红外辐射在大气中的传输特性，对于红外技术的应用是相当重要的。

1. 地球大气的基本组成

红外辐射通过大气所导致的衰减主要是因为大气分子的吸收、散射，以及云、雾、雨、雪等微粒的散射所造成的。因此要想知道红外辐射在大气中的衰减问题，首先必须了解大气的基本组成。

如图 3-10 所示，包围着地球的大气层，每单位体积中大约有 78% 的氮气和 21% 的氧气，另外还有不到 1% 的氩（Ar）、二氧化碳（CO_2）、水汽（H_2O）等成分。除氮气、氧气外，其他气体统称为微量气体。除了上述成分外，大气中还含有悬浮的尘埃、液滴、冰晶等固体或液体微粒，这些微粒通称为气溶胶。如果除去大气中的水汽和气溶胶粒子，这样的大气称为干燥洁净大气。

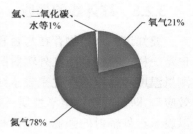

图 3-10 海平面大气组成

2. 大气的吸收衰减

我们知道，氮、氧两种气体成分在大气中的含量最多，但这两种气体对红外辐射基本没有吸收作用。大气中的次要成分，水汽、二氧化碳、臭氧对红外辐射的传输却有着重要的影响。水汽在大气中的含量随天气条件不同有很大的变化，体积比从 10^{-5} 到 0.01，它在红外波段有很多吸收带。二氧化碳在大气中的分布比较均匀，体积比总是在 $3 \times 10^{-4} \sim 4 \times 10^{-4}$ 之间。表 3-2 所示是大气中各主要吸收成分的红外吸收带中心波长。

表 3-2 大气中各主要吸收成分的红外吸收带中心波长

成　　分	红外吸收带（中心）波长/μm
H_2O	0.94　1.1　1.38　1.87　2.70　3.2　6.27
CO_2	1.4　1.6　2.0　2.7　4.3　4.8　5.2　9.4　10.4
O_3	4.8　9.6　14
N_2O	3.9　4.05　4.5　7.7　8.6
CH_4	3.3　6.5　7.6
CO	2.3　4.7

当红外辐射在大气中传输时，要受到上述各种气体的吸收作用而衰减。起主要吸收作用的是水汽和二氧化碳。能透过大气的红外辐射波长基本上分割成三个波段，即 $1 \sim 2.5 \mu m$、$3 \sim 5 \mu m$ 和 $8 \sim 13 \mu m$。通常称这三个波段为"大气窗口"。

3. 大气的散射衰减

在大气窗口内，红外辐射也不是100%地透过大气。这是因为大气中有很多悬浮的微粒，如尘埃及组成雾、云的粒子等。当红外辐射碰到这些微粒时会被散射而偏离它原来的传播方向，也就是原来传播方向上的红外辐射被衰减了。

大气中悬浮微粒的散射所引起的红外辐射衰减是一个很复杂的问题，衰减的程度依赖于微粒的大小、形状和性质，以及红外辐射的波长，很难用理论来计算。不过悬浮微粒一般分布在较低的高度，到一定高度以上，悬浮微粒的散射影响就很小了，这与大气中的水汽分布相似。因而在高空，影响红外辐射在大气中传输的两个重要因素是水分子的吸收和悬浮微粒的散射，但都比较小。

3.2.3 红外线的接收

要知道一个事物存在与否和测量它的强弱，可以通过它所引起的效应来观测，红外辐射也是一样。我们利用红外辐射照射此物体时产生的热效应，如温度升高、体积膨胀等，通过测量温度和体积的变化来表示红外辐射的强弱。红外辐射照射另一些物体时还会发生"光电效应"，即引起物体电学性质（如电阻、电压、电流）的改变，通过测量电学性质的变化也可以表示红外辐射的强弱。无论利用哪种效应，凡是能够将红外辐射量转变成另一种便于测量的物理量的器件，就称为"红外探测器"。

根据近代测量技术，我们知道对电量的测量是最为方便和准确的，因此最好把红外辐射量转变成电量。即使是利用热效应原理的红外探测器，通常也是把温度或体积的变化转化成电量的改变。下面要介绍的红外探测器基本上也是这种类型。

1. 红外探测器的特性参数

各种红外探测器虽然原理不同，但其基本特性都可以用一系列的特性参数来表示。用这些参数可以区别红外探测器在应用中的优劣。图3-11表示一个红外探测器的功能，输入是红外辐射，输出信号是电压。用来表示这个红外探测器优劣的参数主要有以下几个。

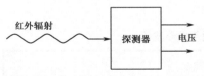

图3-11 红外探测器的功能

（1）响应率

输出的电压与输入的红外辐射功率之比称为响应率。如式（3-1）所示，通常用 R 来表示响应率，单位为V/W；其中 S 表输出电压，单位为V；P 表示红外辐射功率，单位为W。

$$R = \frac{S}{P} \tag{3-1}$$

红外探测器的制造厂家在标定其产品的响应率时，要求采用一致的测量条件，才能获得具有对比意义的参数。

例：有一红外探测器，当红外辐射功率为0.1W时，探测器输出电压为 5×10^{-3}V，求该探测器的响应率。

解：
$$R = \frac{S}{P} = \frac{5 \times 10^{-3} \mathrm{V}}{0.1 \mathrm{W}} = 0.05 \mathrm{V/W}$$

（2）响应波长范围（光谱响应曲线）

红外探测器的响应率和入射辐射的波长有关系。图 3-12 是两种典型的光谱响应曲线。图 3-12（a）表明，热探测器响应率不受波长的影响。图 3-12（b）表明，光子探测器两者有一定的关系，波长为 λ_p 处，响应率最大；波长小于 λ_p 时，响应率缓慢上升；波长大于 λ_p 时，响应率迅速下降到零。我们把响应率下降到最大值一半所在的波长 λ_c 称为截止波长。也就是说，这款红外探测器所能探测到的红外辐射的波长最大值为 λ_c。

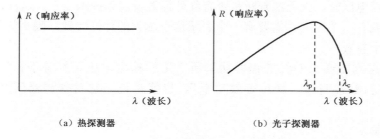

（a）热探测器　　　　　　　　　（b）光子探测器

图 3-12　红外探测器两种典型的光谱响应曲线

（3）噪声电压

仅从响应率的定义来看，好像是只要有红外辐射存在，不管它的功率多么小，都可以探测出来。因为如果输出电压很小，可以用电子学的方法进行放大，直到可以测量出来为止。但事实上并不是这样，当红外辐射的功率很低的时候，就得考虑另一种情况。

如图 3-13（a）所示，在红外探测器的输出端接上一个放大器，假定它是一个放大倍数可以任意调节的理想放大器。然后把它的输出接到示波器上，观察输出电压的波形。

降低入射红外辐射的功率，输出电压的幅度也会随之降低。但另一方面可以通过增加放大器的放大倍数，使电压有足够高的幅度，输出波形仍清晰可见。如果入射辐射的功率进一步降低，就会出现这样的现象：虽然再增加放大器的放大倍数，还能勉强看到按正弦变化的波形，但线条已经开始模糊不清。这就好像是在正弦变化的基础上加上了一种杂乱的变化，如图 3-13（b）所示。若再降低辐射功率，正弦波的幅度越来越小，而随机杂乱的变化越来越大，最后只剩下杂乱无章的变化，正弦变化的电压完全看不出来，如图 3-13（c）所示。在这种情况之下，就无法确定是否有红外辐射存在。这就好像教师在讲课时，如果学生的讲话声音（噪声）大到一定程度，就无法听清教师的声音。

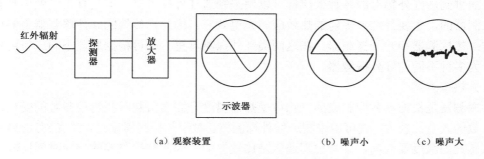

（a）观察装置　　　　　　　（b）噪声小　　　　（c）噪声大

图 3-13　观察噪声出现的示意图

上面的现象并不是探测器或放大器质量不好而引起的。它是探测器的一种不可避免的现象，称为噪声。任何一个探测器，无论是用何种原理制成的，它都存在一定的噪声。也就是说在它的输出端，或多或少都会存在一些无规律的、无法预测的电压起伏，起伏的幅度相对来说是比较小的，但是现代电子技术足以把它显示出来。如果对这些随时间而起伏的电压按时间取平均值，则平均值应等于零。这是因为从长时间来看，噪声电压向上涨和向下落的机会是相等的，取平均值则相互抵消，所以平均值为零。

（4）噪声等效功率

探测器既然都有一个不可避免的噪声电压，那么当入射辐射的功率降低到它所引起的输出电压小于噪声电压时，就无法判断是否有红外辐射投射到探测器上。这样，探测器探测红外辐射的本领就有一个限度，需要有一个表示这个本领的特性参数，噪声等效功率（NEP）就是这样的一个参数。

当投射到探测器面上的红外辐射功率所产生的输出电压正好等于探测器的噪声电压时，这个辐射功率就叫做"噪声等效功率"。也就是说，它对探测器所产生的效果与噪声相等。

（5）探测率

很明显，对于一台好的探测器来说，噪声等效功率（NEP）应该是越小越好。因此用噪声等效功率的倒数来表示探测器的探测能力，称为探测率，用 $D*$ 表示。探测率的数值大小表明了探测器性能的好坏，它与探测器敏感元的面积无关。

$$D* = \frac{1}{\text{NEP}} \tag{3-2}$$

（6）响应时间（或称时间常数、弛豫时间）

当一定功率的辐射突然照射到探测器上时，探测器的输出电压要经过一定的时间才能达到与这个功率相对应的稳定的数值。当辐射突然消失时，输出电压也要经过一定的时间才能下降到零。一般来说，上升或下降所需的时间是相等的，称为探测器的响应时间。

（7）其他特性参数

红外探测器还有一些其他的特性参数，如工作温度、工作时的外加电压或电流、敏感元面积、电阻等。这些参数对于探测器使用者来说都是必要的。因此，一般在提供一个红外探测器时，这些参数也应同时提供。

2．红外探测器的种类

前面讲到，红外辐射的各种效应都可以用来制造红外探测器，但是真正能做出具有实用价值探测器的，主要是红外辐射的热效应和光电效应。因此，传统的红外探测器主要可分为两大类：热探测器和光子探测器。在这两类红外探测器里，又可根据原理不同或所用材料不同而分为多种不同的红外探测器。

（1）热探测器

热探测器是根据热效应制成的。物体受热而温度升高会引起一些物理参数的变化，有些物理参数的改变比较大，就可用来制造红外探测器。对于热探测器来说，在受到红外辐射时，首先敏感元的温度要升高，这一过程通常是比较慢的。因此热探测器的响应时间比较长，大多在毫秒级以上。另外，由于是加热过程，在敏感元所能吸收辐射的波长范围内，不管是什么波长的红外辐射，只要功率相同，则产生的热效应也会相同。因此热探测器对入射辐射的各种波长基本上都具有相同的响应率，它的光谱响应曲线如图 3-12（a）所示。下面介绍几种常见的热探测器。

① 热电偶。

利用温差电现象制成的红外探测器称为热电偶。什么是温差电现象呢？把两种不同的金属丝或半导体细线，连接成一个封闭环，当一个接头吸收红外辐射，导致它的温度比另一个接头高时，环内就会产生电动势。从电动势的大小就可以测定接头所吸收的红外辐射功率。图 3-14 所示为一款热电偶外形和使用热电偶作为感测元件的精密热电偶温度仪。

② 电阻测辐射热器。

当吸收红外辐射、温度升高时，会导致金属的电阻增加，半导体的电阻减小。从它们电阻的变化可以测定被吸收的红外辐射功率。利用电阻变化制成的红外探测器叫电阻测辐射热器，如图 3-15 所示的热敏电阻就是其中的一种。

（a）外形

（b）精密热电偶温度仪

图 3-14　热电偶

图 3-15　热敏电阻

075

电阻测辐射热器有半导体测辐射热器、金属测辐射热器和超导体测辐射热器三种。

③ 气动探测器。

当吸收红外辐射、温度升高时，气体在体积一定的条件下，压强增大。从压强的增加可以测定出被吸收的红外辐射功率。这样的红外探测器叫气动探测器，如图 3-16 所示。

图 3-17 所示的高莱管是常见的一种气动探测器。它的主要特点是灵敏度高，性能稳定。但响应时间长，结构复杂，强度较差，一般用于实验室。

图 3-16　气动探测器

图 3-17　高莱管

④ 热释电探测器。

有一些晶体，如硫酸三甘酞（TGS）、铌酸锶钡（SBN）等，当受到红外辐射照射后温度升高时，在某个晶体方向上能够产生电压。由此，就能测量出红外辐射的功率，这种探测器叫热释电探测器，如图 3-18 所示。它的主要特点是探测率高，在热探测器中属于最好的，因此得到广泛应用。其应用领域主要有：防火、防盗装置，红外测温仪，红外遥感等。

（2）光子探测器

光子探测器是利用光电效应制成的，光电效应是指物体中的电子吸收红外辐射而改变运动状态的过程。因为物体的电学性质是由电子运动来决定

图 3-18　热释电探测器

的，也就是说红外辐射直接引起物体电学性质的改变。这个过程比加热物体的过程快得多，所以光子探测器的响应时间比热探测器的响应时间短得多，最短的可达毫微秒（10^{-9}s）级。另外，要使物体内部电子改变运动状态，入射辐射的光子能量必须足够大，也就是说它的频率必须大于某一数值。波长与频率成反比，所以能引起光电效应的红外辐射波长有一个最大值存在。因此光子探测器的光谱响应曲线都有一个长波限（即波长最大值），如图 3-12（b）

所示。下面介绍几种常见的光子探测器。

① 外光电探测器。

当光照射在某些金属氧化物或半导体表面时，如果光子的能量足够大，就能使表面发射出电子，叫光电效应。利用这个效应制成的探测器叫外光电探测器，如光电管（见图 3-19）和光电倍增管（见图 3-20）等。光电管是高能量的光照到金属板阴极上、将能量传给电子，使电子从阴极逸出，从而将光信号转变为电信号。

（a）外观

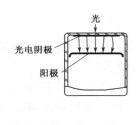

（b）结构

图 3-19　光电管

（a）外观

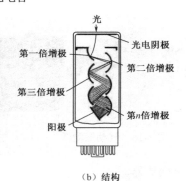

（b）结构

图 3-20　光电倍增管

外光电探测器的响应时间短，通常为几纳秒，所能探测到的光线一般处于近红外辐射或可见光范围内。

② 光电导探测器。

半导体吸收能量足够大的光子后，半导体的电阻减小，导电性增强，这种现象称为光电导。利用光电导制成的红外探测器应用广泛，统称为光电导探测器。

由于光电导探测器的电阻对光线敏感，因此也称为光敏电阻，如图 3-21 所示。

③ 光生伏特探测器。

光生伏特探测器品种很多，包括光电二极管、硅光电池、光电三极管等。

光电二极管是利用光照使不均匀半导体不同部位之间产生电势差的现象制作而成的一种探测器，如图 3-22 所示。

图 3-21　光敏电阻

图 3-23 所示为硅光电池探测器结合照度计来测量环境中的光照度，仪器显示测得照度为 $1.281×100\mathrm{lx}$。

图 3-22　光电二极管　　　　图 3-23　硅光电池探测器测量照度

应用提示

　　被动红外探测器是一种在安防工程中使用极为普遍的探测器，要让其正确使用，防止漏报，减少误报，很重要的一点是合理确定安装的位置。

- ➤ 根据说明书确定正常的安装高度。安装高度不是随意的，它会影响探测器的灵敏度和防小宠物的效果。
- ➤ 不宜面对玻璃门窗。首先，面向玻璃门窗会有强光干扰；其次，探测器易受到窗外复杂环境的干扰。
- ➤ 不宜正对冷热通风口或冷热源。因为感应作用与温度有着密切的关系。
- ➤ 不宜正对易摆动的物体。

 **思考与练习 3-2**

（1）大气对红外线有_____、_____作用。

（2）红外探测器的主要特性参数有_____、_____、_____、_____、_____和_____。

（3）红外探测器主要可分为两大类：_____和_____。

（4）什么物体可以产生红外线？

（5）比较热探测器与光子探测器的主要区别。

3.3 红外成像原理

将红外辐射图像转变为可见光图像的系统称为红外成像系统。它可分为以下两种：主动式红外成像，指运用物体对红外辐射的不同反射特征而进行成像；被动式红外成像，是运用物体自身发射的红外辐射进行成像。其中主动式红外成像多应用于红外夜视系统，被动式红外成像又称为热成像，是红外技术的一个重要研究方向。

3.3.1 红外成像简史

19世纪20年代发明的Ag–O–Cs光阴极，开创了近红外成像器件的先河，人类开始能够借助成像系统感受肉眼无法看见的红外世界。表3-3所示为红外成像出现以来的发展历史。

表3-3 红外成像发展史

时 间	事 件
1929年	柯勒发明了Ag–O–Cs光阴极
20世纪30年代中期	红外变像管、蒸汽热像仪出现
20世纪40年代初期	红外夜视系统研制成功并应用于实战
	光学机械扫描式：面阵成像器件式
20世纪50年代	美陆军第一台热像记录仪诞生
	萨默（A.H.Sommer）发明Sb–K–Na–Cs光阴极——微光成像
20世纪60~70年代	红外成像仪大规模应用在军事装备上
20世纪80年代	凝视型IRCCD迅速发展，出现便携式小型化红外系统
20世纪90年代	非制冷红外面阵热像技术的发展，运用于工业检测
20世纪末21世纪初	向高像素、小型化、低成本方向发展

3.3.2 主动式红外成像

自身带有红外照明光源的主动式红外成像系统，运用成像物体对红外光源的不同反射特性，通过红外变像管将红外图像转换成可见光图像，达到获取红外信息的目的。

1. 结构和特性

如图3-24所示，主动式红外成像系统主要由红外探照灯、物镜组、红外变像管及目镜组几个部分组成。红外探照灯包括滤光片和红外光源，用以对目标发射红外辐射，其中红外光源可采用电热光源（如白炽灯）、气体放电光源（如高压氙灯）、半导体光源（如砷化镓发光二极管）或激光光源（如砷化镓激光二极管）。物镜组和目镜组统称为光学系统。

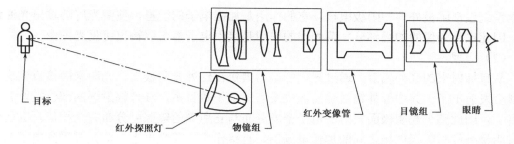

图 3-24　主动式红外成像系统结构

主动式红外成像系统具有以下特性。

① 工作波长受到红外变像管光阴极响应谱区的限制，为 0.76～1.2μm。

② 利用目标和自然景物之间红外反射能力的差异原理。图 3-25 所示为典型目标的反射比曲线。

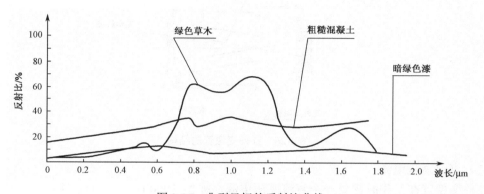

图 3-25　典型目标的反射比曲线

③ 比可见光受大气散射的影响小，较易通过大气层。

④ 采用主动照明方式，在全黑条件下工作可获取清晰图像，但容易暴露。

2. 对光学系统的要求

① 使用大口径物镜。

② 目镜有合适的焦距和足够的视场。其中焦距一般在 20mm 左右，视场在 30°～90°之间。

③ 目镜有合适的出瞳距离和出瞳直径。出瞳距离一般为 12～15mm，考虑人眼夜间瞳孔直径，出瞳直径一般为 7mm。

④ 一般主动红外成像系统的放大率为 4～8 倍。

3. 红外变像管

红外变像管是主动式红外成像系统的核心，它完成从近红外图像到可见光图像的转换与图像增强作用。

（1）结构

如图 3-26 所示，红外变像管主要由红外光阴极、电子光学系统和荧光屏组成。红外光阴极为银氧铯（Ag–O–Cs）光敏层，波长小于 1.2μm 的近红外辐射，都能使它发射电子。电子光学系统包括阴极外筒和阳极电极，它的作用是加强电子的能量，使荧光屏的输出光通量增大，因此也称为像的加强部分。荧光屏的作用是接收电子撞击以输出可见光图像。

（2）原理

从目标射来的红外辐射，通过光学纤维后聚焦在红外光阴极上，光阴极面接收到这些辐射就会发射电子，其中红外辐射强的部位发射的电子数目多，红外辐射弱的部位发射的电子数目少。因此整个光阴极面发射的电子密度分布与它所受的辐照度分布完全相似。这些电子经过阴极外筒与阳极电极之间的加速电场后，直接作用于荧光屏上，荧光屏受到电子的打击而发出可见光，电子密度高的部位亮度也高，电子密度低的部位亮度就低。这样，荧光屏上出射光的分布就与光阴极面上所接收的红外辐射分布完全相似。这就是把目标的红外辐射转化成可见光图像的过程。

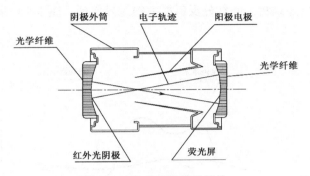

图 3-26　红外变像管的结构

（3）直流高压电源

红外变像管在工作时需要一个直流高压电源，提供 10000V 左右的直流电压，使阴极外筒和阳极电极之间形成加速电场。此电源必须防潮、防震、体积小、重量轻且耗电低。

4．主动式红外夜视仪

利用夜幕的掩护进行各种军事活动，这是战斗部队常有的事。为了克服人眼夜间视力的局限性，人们借助于红外夜视仪器来扩大活动的能力。主动式红外夜视仪是通过主动照射并利用目标反射红外源的红外光来实施观察的夜视装备。尽管它具有成像清晰、制作简单等特点，但它有一个致命弱点，就是所发出的红外光会被敌人的红外探测装置发现。这一弱点无疑宣告了主动式红外夜视技术必被淘汰的命运。20世纪 50 年代前期所用的红外夜视设备都是主动式红外夜视仪，一般采用红外变像管作接收器，工作波段在 1μm 左右，在夜间可看见 100m 处的人，1km 内的坦克、车辆和 10km 远的舰船。图 3-27 所示为一种便携式主动红外夜视仪。

图 3-27　便携式主动红外夜视仪

夜间可见光很微弱，但人眼看不见的红外线却很丰富。红外夜视仪可帮助人们在夜间进行观察、搜索、瞄准和驾驶车辆。

尽管人们很早就发现了红外线，但受到红外器件的限制，其实际应用极为有限。直到 1940 年德国研制出硫化铅和几种红外透射材料后，才使红外遥感仪器的诞生成为可能。此后，德国首先研制出主动式红外夜视仪等几种红外探测仪器，但它们都未能在第二次世界大战中实际使用。

几乎同时，美国也在研制红外夜视仪，虽然试验成功的时间比德国晚，但却抢先将其投入实战应用中。1945 年夏，美军登陆进攻冲绳岛，隐藏在岩洞坑道里的日军利用复杂的地形，夜晚出来偷袭美军。于是美国将一批刚制造出来的红外夜视仪紧急运往冲绳，把安有红外夜视仪的机炮架在岩洞附近，当日军趁黑夜刚爬出洞口，就被一阵准确的枪炮击倒。洞里的日军不明其因，继续向外冲，又糊里糊涂地送了命。红外夜视仪初上战场，就为肃清冲绳岛上顽抗的日军发挥了重要作用。

3.3.3　被动式红外成像

主动式红外成像需要红外辐射源，这显得很不方便，并且它的探测距离只能达到几百米到几千米。另外，在军事应用中，主动式装置还容易暴露自己，因此人们开始研究被动式的红外成像技术。被动式红外成像也称为红外热成像，是运用物体自然发射的红外辐射进行成像。它再现了景物各部分的温度差异，还可显示出景物的特征。被动式红外成像装置也称为热像仪。

1．热像仪的结构

如图 3-28（a）所示，早期的红外热像仪由光学系统、扫描系统、探测器、放大器和显示器组成。现在的红外热像仪大多采用凝视型焦平面探测器（可同时获取目标红外辐射分布），扫描系统已被省略。图 3-28（b）所示为一款红外热像仪外观。

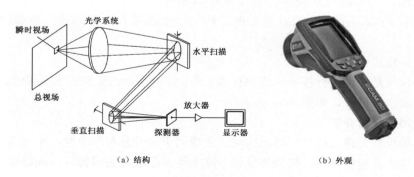

（a）结构　　　　　　　　　　　　　　　（b）外观

图 3-28　红外热像仪

2．热像仪的工作原理

图 3-29 所示为红外热像仪的工作原理。热像仪所摄景物包括目标及背景，两者辐射的差别是构成热像图的基础。目标及背景的辐射通过大气，被吸收或散射之后再入射到热像仪。

热像仪的接收元件一般采用单个或线列型的红外探测器，只摄取景物一部分的辐射，为了获得被摄景物整体的图像，必须用光学扫描方法使红外探测器顺序扫描整个被摄景物空间，接收的按空间变化的红外辐射转换成电信号，经放大处理后，通过显示器进行显示。这样，热像仪上所显示的热像图就是被摄物体表面的热分布图。

3．热像仪的特点

① 全天候。大气、烟云等吸收可见光和近红外线，但是对 3～5μm 和 8～14μm 的红外线却是透明的。因此，这两个波段被称为红外线的"大气窗口"。利用这两个窗口，可以使人们在完全无光的夜晚，或是在烟云密布的战场，清晰地观察到前方的情况。正是由于这个特点，飞机、舰艇和坦克上才有了全天候监视系统。

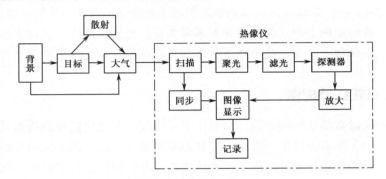

图 3-29　红外热像仪的工作原理

② 物体热辐射能量的大小，直接和物体表面的温度有关。热辐射的这个特点使人们可以利用它来对物体进行无接触温度测量和热状态分析，从而为工业生产、节约能源、保护环境等方面提供了一个重要的检测手段和诊断工具。

4．热像仪的应用

自然现象、人体的生理现象、加工生产过程等都普遍进行着能量交换，都与热或温度有关，所以热或温度是认识能量变换过程的一个重要信息。因此，热像仪的应用范围非常广。

（1）楼宇检测

红外热像仪是一种进行楼宇检测的有效工具，它可显示出建筑物表面裂缝、天花板渗漏、潮湿、天台防水等情况，如图 3-30 所示。

（2）公路建设与养护

红外热像仪在公路上已有广泛的应用，主要用于沥青分布平均度、光滑度、质量、公路表面裂缝、施工质量检测等。红外热像仪在欧美等国已成为公路铺设、维修维护方面的常规检测设备。

如图 3-31 所示，图（a）为沥青温度检测，低于 77℃的沥青比较硬，养护后密度较低，容易损坏；图（b）为沥青温度差别，图中的直线表示温度差别不到 3℃，符合标准；图（c）为沥青温度均匀度检测，图中温度非常一致，说明公路表面平滑。

（a）建筑物表面裂缝

（b）天台漏水

图 3-30　红外热像仪在建筑方面的应用

（3）汽车工业

红外热像仪的应用非常广泛，仅在汽车领域的成功应用就不下十种。例如，车内环境温度检测，电路板、玻璃、刹车盘、轮胎、排气孔、烤漆、散热系统、发动机的热分布，各零部件受热情况分析，刹车过程温度变化等。图 3-32 所示为红外热像仪在汽车工业中的部分应用示意图。

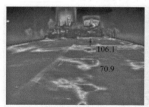

（a）沥青温度检测　　　（b）沥青温度差别　　　（c）沥青温度均匀度检测

图 3-31　红外热像仪检测公路

图 3-32　红外热像仪在汽车工业领域的部分应用

（4）其他

如图 3-33 所示，红外热像仪在医学检查、电子行业、机械故障、野生动物等方面也有着广泛的应用。

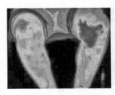   

（a）软组织挫伤　　（b）电子行业　　（c）机械工业　　（d）野生动物

图 3-33　红外热像仪的其他应用

思考与练习3-3

（1）红外成像包括_____和_____两种。

（2）主动式红外成像系统主要由_____、_____、_____及_____几个部分组成。

（3）早期的红外热像仪由_____、_____、_____、_____和_____组成。现在的红外热像仪大多采用凝视型焦平面探测器，_____已被省略。

（4）简述红外变像管的工作原理。

（5）红外热像仪可应用于哪些领域？

3.4　红外技术应用

红外技术应用涉及的领域很多，本节介绍典型的几种。

3.4.1　红外技术在温度检测上的应用

在工农业生产及科学研究的过程中，经常会碰到一些问题，就是怎样才能准确地检测出生产对象的温度参数？怎样才能有效地控制生产的温度变化？为了稳定生产工艺，提高产品质量，有必要在生产过程中关注温度这一参数。红外温度检测装置就是在生产实践中发展起来的一种测温技术。

1．红外测温技术的特点

（1）非接触式

利用红外辐射测量物体的温度有一个很大的优点，就是不必接触被测物体，也不会影响被测目标的温度分布。图 3-34 所示为一款钢水测温仪，它就是利用非接触原理来测量钢水温度的。

（2）反应速度快

红外测温的另一个优点是反应速度快。如图 3-34 所示的钢水测温仪，响应时间在 0.5s 以内。

（3）灵敏度高

红外测温仪的灵敏度高，只要目标有微小的温度差异就能分辨出来。例如，国产的一种红外测温仪对于室温目标能分辨出 0.1℃ 以上的变化。

（4）测温范围广

用红外测温技术可以测量出从负几十摄氏度到千摄氏度以上的温度范围。但这一温度范围不是在同一台仪器上实现的。一般按测温范围可以划分为三种类型：低温测温仪的测温范围在 100℃ 以下，中温测温仪在 100～700℃ 之间，高温测温仪则在 700℃ 以上。

2．红外测温技术的广泛应用

近年来，随着我国社会主义现代化建设事业的迅猛发展，红外测温已经广泛地应用到许多领域。

（1）农业生产方面

用红外测温仪可迅速测出大片土壤的温度，这对了解太阳照射到地面后的重新分配、改善土壤的水热条件有重要意义。

植物株体的温度测量，植物株体的温度与气温、地温是不同的，各种植物都有其特定的温度，过高或过低都会导致植物死亡。用红外测温仪能方便、迅速地测出植物叶片、茎体的温度，有助于植物的研究和病害防预。

此外，非接触地检查牲畜的体温，鉴别从孵卵器里出来的鸡蛋的好坏，检查粮食、棉花包的温度等，都可以采用红外测温技术。

如图 3-35 所示，是低温红外测温仪在农业方面的应用。

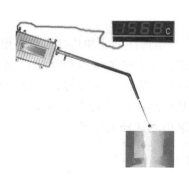 

测量土壤温度　　　　　　　　测量植物株体温度

测量牲畜体温　　　　　　　　测量粮食温度

　图 3-34　钢水测温仪　　　　　　图 3-35　低温红外测温仪在农业方面的应用

（2）电力系统

在电力系统中，输电电缆（见图 3-36）的接头发热是电气设备运行中的一个重要缺陷。为了防止过热而造成停电事故，需用大量人力经常检查。例如，跨越长江的 220kV 线路是连接苏南和苏北电网的主动脉，跨距 2000m，地形复杂。过去检查是直接测试接头和导线的电阻比，十多人几个小时才能测量完一个接头，这段跨越线要两天多才能查完。利用红外测温技术后，只需两个人手持红外测温仪对导线接头照一下，就可记下温度情况。检测一个接头仅需两三分钟，而且是带电非接触式的检查。此外，还有许多电力设备，如发电机转子、变压器、开关、闸刀等，需要经常进行温度检测，以保证正常供电。

（3）电子工业

随着电子技术的发展，对电视机的质量也提出了新的要求，其中显像管的寿命是一个重要的研究方面。无论黑白还是彩色电视机，影响显像管寿命的首要部件就是显像管阴极。因此，需要找出阴极的最佳工作状态。但由于阴极封在真空管内且尺寸较小，一般只有 $1mm^2$ 左右，且温度高达 1 000℃以上，要准确测量它的温度比较困难。经实践证明，用高温红外测温仪对工作状态的阴极进行非接触连续测温是比较理想的。

此外，在冶金、纺织、水泥、塑料和油管处理等行业里，都需要用到红外测温仪（见图 3-37）。

电子工业　　　　　冶金工业　　　　　纺织工业

水泥工业　　　　　塑料工业　　　　　油管处理

图 3-36　高压输电电缆　　　　　　　图 3-37　红外测温仪的广泛应用

3.4.2　红外技术在家用电器上的应用

红外技术发展至今天，在家用电器中也得到了广泛的应用。

1．取暖器具上的应用

实验证明，物体最容易吸收的是远红外线，因此，利用远红外线加热是日益采用的新技术。红外线电热元件是利用辐射方式给物体加热的，它常用于取暖器具和烘箱。利用红外线加热具有升温迅速、穿透力强、加热均匀、节能等优点。在寒冷的冬季，使用红外电热器具已成为人们取暖的一种重要手段。图 3-38 所示为一款家用远红外电暖器。

图 3-38　家用远红外电暖器

2．电热炊具上的应用

传统的炊具是使用普通燃气灶加热食物，考虑到气体在燃烧过程中有明火且会产生有害气体、热效率不高等原因，人们通过特殊的设计将煤气燃烧所产生的热量转化为无焰燃烧红外线热辐射传递，由于燃煤方式与传统机理上的革命，使红外线具有普通燃气灶无可比拟的优势：高效节能，环保健康，洁净卫生，安全可靠。图 3-39 为一款家用红外电暖炉。

3．健身器具中的应用

远红外线健身器具是医疗保健器具，人称"家庭电大夫"。它在消肿、止泻、止痛及调整植物神经等方面疗效显著。应用远红外健身器治病，患者无痛苦，容易接受。小型的健身器只有台灯般大小，便于家庭使用，有时还可边治疗，边学习、工作。它也是家庭红外技术的一种应用。

4．音频电器中的应用

近年来家庭影院普及速度快，不少家庭有了大尺寸电视机，高质量音响。音频电器成为家电中的一大主力军。由于家庭影院系统布置要求空间化，各种器件之间烦琐的连线就给我们的日常生活带来许多麻烦，为了解决这个问题，无线家庭影院已经出现在市场上。例如，图 3-40 所示的 SONY 无线家庭影院 DAV–LF1H 采用红外线方式来传输后置音箱的音频信号。

图 3-39　家用红外电暖炉

DAV–LF1H

图 3-40　SONY 无线家庭影院

3.4.3　红外技术在军事上的应用

红外技术首先是在军事应用中发展起来的，至今在军事应用中仍占有重要地位。这是因为红外技术用于军事方面有其独特的优点：

① 红外辐射看不见，可避开敌方的目视观察；

② 可白天、黑夜使用，特别适合于夜战需要；

③ 可采用被动接收系统，比无线电雷达或可见光装置安全、保密，且不易受到干扰；

④ 利用目标和背景辐射特性差异，比较容易识别各种军事目标，特别是可以提示伪装的目标；

⑤ 分辨率比微波好，比可见光更能适应天气条件。

但红外装备仍有不足之处，如受云雾影响较大，有的设备在气象条件恶劣时几乎不能工作等。

第二次世界大战以来，经过不断改进，至今已有各种红外装备投入实战中，下面给出具体介绍。

1．红外雷达

红外雷达具有搜索、跟踪、测距等多种功能，一般采用被动式的。红外雷达包括搜索装置、跟踪装置、测距装置及数据处理系统等。

现有的红外雷达型式很多，但基本原理是相同的，只不过在结构和战术性能上各有特点而已。红外雷达可用来警戒空中或地面目标，进行侦察及导航，配合武器系统投射、测量并记录洲际导弹的运动轨迹等。

2．红外制导

许多军事目标，特别是一些运动目标，如飞机、火箭、坦克、军舰等都有大功率的动力部分，在战斗过程中都在不断地发射强大的红外辐射功率；运动速度极快的飞机和火箭，其外壳与大气摩擦产生的热也是强红外辐射源。因此，可利用这些目标本身的红外辐射来引导导弹自动接近目标，提高命中率，这就是红外制导。

红外制导系统一般由红外导引头、电子装置、操纵装置和舵转动机构等部分组成。其中红外导引头是导弹能自动跟踪的最重要部分，它好比导弹的"眼睛"，感受到目标的红外辐射，就能控制导弹飞向目标，如图3-41所示。

红外制导的优越性是：不易受干扰、准确度高、结构简单、成本低，可探测攻击超低空目标等。依据使用目的不同，导弹可分为空对空、地对空、空对地等几种类型。其中空对空和地对空导弹比较成功，种类也较多。图3-42所示为美军一款近距红外制导空对空导弹。

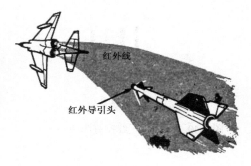

红外线

红外导引头

图3-41　红外制导示意图　　　　图3-42　美军 AIM–9X"响尾蛇"近距红外制导空对空导弹

3．红外对抗

红外对抗是用红外技术器材侦察、阻挠或破坏敌军用红外技术装置正常工作的措施和行动的总称，是电子对抗中的一个专门领域。它的主要手段有伪装和假目标。红外伪装使用专门的隔热涂层和吸收红外辐射的烟幕，以降低被伪装目标和周围背景的热对比度；假目标也称"红外诱饵"，由人工红外辐射源形成，如曳光弹、燃油箱、红外干扰机等。

20世纪90年代起美军已将电子战重点放在红外对抗上，有人把1993年称为"红外对抗年"。为了使军用机在最适宜的时机投放红外诱饵弹，导弹接近告警系统（MAWS）已成为红外对抗中需要最优先发展的系统。

 应用提示

红外诱饵弹作为最早投入使用的红外干扰器材之一，用以对抗技术日益先进、数量日益增多的红外制导导弹。它应具有与真实目标相似的红外频谱特征，能较迅速地形成高强度的红外辐射源，诱骗导弹使其脱离对目标的追踪，从而起到保护目标的作用。图3-43所示为战斗机在投放红外诱饵弹。

图 3-43　战斗机在投放红外诱饵弹

3.4.4　红外无线鼠标

无线鼠标是指无线缆直接连接到计算机主机的鼠标。早期的无线鼠标采用了红外技术进行信号传输。

1．鼠标的发展

鼠标自从 1968 年诞生以来，已经历了四十多年的发展。近十年来，随着个人计算机的普及，鼠标的工作方式也有了很大的变化：从早期的滚轮鼠标发展到光电鼠标、激光鼠标，其中光电鼠标是目前的主流。此外，随着人们对便捷性要求的提高，笔记本电脑的逐渐普及，也带动了无线鼠标的发展。图 3-44 所示为最早的无线鼠标，由罗技公司于 1984 年研制成功，它采用红外线技术进行信号的传输，可以看出它的接收器几乎和鼠标一样大。图 3-45 所示为无线鼠标接收器的发展，可以看出，接收器体积随着技术的进步也在朝着越来越小的趋势发展，现在已经可以做到比一枚硬币还小。

图 3-44　罗技的第一款无线鼠标产品

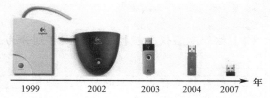

图 3-45　无线鼠标接收器的发展

2．红外无线鼠标

红外无线鼠标由红外发射器和红外接收器两部分组成，其基本原理如图 3-46 所示。

采用红外方式进行信号传输具有不易受到 PC 及其他外设噪声影响的优点，但也存在着严重的局限性：传输距离非常有限（50cm 左右），而且如果发射器与接收器对不准则无法正常工作，红外信号基本上无法绕过障碍物进行传输。因此，目前市面上主流的无线鼠标基本都是采用更好的无线电技术及蓝牙技术。图 3-47 所示为一款目前占市场主流的无线光电鼠标。

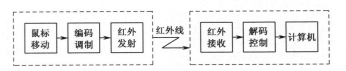

图 3-46　红外无线鼠标原理图　　　　图 3-47　一款无线光电鼠标

知识拓展

　　无线鼠标已经出现这么久，为什么仍然无法淘汰有线鼠标？这是因为它们各有优缺点。无线鼠标的主要优点是没有线的束缚，操作不受限制，操作距离远。但带来方便的同时，它也带来了不少麻烦。

　　（1）需要外加供电，无论使用什么电池，都增加了使用成本。特别是有些无线鼠标的耗电量较大，需要经常更换电池。

　　（2）无线鼠标的精确度、稳定性仍低于有线鼠标。对于一些职业玩家或对游戏操作要求较高的使用者来说，在性能方面，无线鼠标仍不具备优势。目前在竞技游戏比赛中，使用无线鼠标的职业选手还没有出现过。

　　（3）采用 2.4GHz 技术的无线鼠标容易产生信号干扰问题。因为在 2.4GHz 这一频带上集中了大量设备，如 Wi-Fi、无绳电话和微波炉等。

　　（4）无线鼠标的价格仍然高于有线鼠标。

思考与练习 3-4

　　（1）红外测温仪一般按测温范围可划分为三种类型：＿＿＿＿＿＿＿、＿＿＿＿＿＿＿和＿＿＿＿＿＿。

　　（2）红外技术在军事上的应用主要有＿＿＿＿＿＿＿、＿＿＿＿＿＿＿、＿＿＿＿＿＿＿和＿＿＿＿＿＿四个方面。

　　（3）红外制导系统一般由＿＿＿＿＿＿＿、＿＿＿＿＿＿＿、＿＿＿＿＿和＿＿＿＿＿等部分组成。

　　（4）使用红外技术进行加热干燥，相比原来的自然干燥、蒸汽干燥和电热干燥有何优点？

　　（5）采用红外技术进行信号传输的无线鼠标具有什么局限性？

技能训练 7　红外感应报警器套件制作

　　红外感应报警器集红外探测、报警、电源三位于一体，具有体积小、可随身携带、临时设防等优点。采用高灵敏度红外探头，无须声音，无须光线，无须振动，即使在夜晚的漆黑状态，一旦窃贼进入监控范围，报警器就会自动检测并发出高强度警笛报警声；微型计算机芯片设计，耗电极小，无须接线、布线，使用非常简便。套件组装为成品后无任何外部连线，外形小巧、便携式设计，可放在任何地方。探测距离 8～15m，角度水平约 110°。图 3-48 所示为装配好的成品外观。

图 3-48　红外感应报警器成品外观

1. 技能训练目的

（1）熟练掌握电子产品的组装和焊接。

（2）通过动手制作了解红外技术的简单应用。

2. 技能训练器材

（1）红外感应报警器制作套件一套，内含 PCB、相关元器件、制作说明等。

（2）内热式尖头电烙铁一把。

（3）松香若干，焊锡丝若干。

3. 技能训练内容

（1）元器件分类。按表 3-4 所示进行元器件的归类。

（2）按先低后高、先一般后特殊的顺序进行元器件的插装焊接。

（3）将电路板与外壳进行组装，装上电池测试使用。

表 3-4　红外感应报警器元件清单

序号	名称	型号规格	代号	数量	序号	名称	型号规格	代号	数量
1	电解电容	47μF	C1、C3、C4	3	6	电阻器	10kΩ	R1	1
2	电解电容	22μF	C2、C6、C8	3	7	电阻器	1MΩ	R2、R17	2
3	电解电容	10μF	C14	1	8	电阻器	470kΩ	R3	1
4	瓷片电容	0.01μF	C5、C7、C9、C10、C12	5	9	电阻器	220kΩ	R4、R6、R7、U2 片上电阻	4
5	瓷片电容	0.1μF	C11、C13	2	10	电阻器	22kΩ	R5、R8、R10、R11、R18	5

续表

序号	名称	型号规格	代号	数量	序号	名称	型号规格	代号	数量
11	电阻器	2MΩ	R9、R13	2	21	三脚插针		P2	1
12	电阻器	68kΩ	R12	1	22	跳线		J1	1
13	电阻器	47Ω	R14	1	23	热释传感器		Y1	1
14	电阻器	5.6kΩ	R15	1	24	BISS0001 芯片		U1	1
15	电阻器	47kΩ	R16	1	25	音乐芯片		U2	1
16	三极管	9014	Q2、Q4	2	26	27mm 蜂鸣器		Y2	1
17	三极管	8050	Q3	1	27	跳线帽			1
18	发光二极管	LED	LED1	1	28	导线			4
19	电源开关		K1	1	29	螺钉	2.6×6		3
20	三脚电感		L1	1	30	外壳			1

4．注意事项

J1 为跳线，用电阻腿焊接即可，Y2 为蜂鸣片，自行焊接引脚，中央为正，边缘为负。焊接前应先加一些助焊剂，以便于焊接，防止损坏蜂鸣片。三脚电感焊接时，长脚焊接到 PCB 上 L1 的圆圈处。Y1 为热释红外传感器，在焊接之前应插上三孔的塑料壳。U2 为音乐芯片，上面有 220kΩ 左右的调整频率用电阻，P1 及 RG1 无须焊接。壳体需要自己组装，固定点可用热融胶固定。图 3-49 所示为元件分布图，图 3-50 所示为电路原理图。

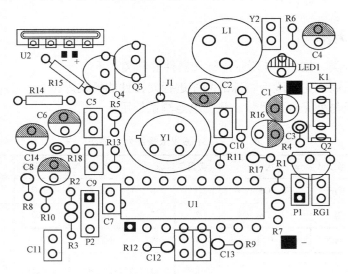

图 3-49　元件分布图

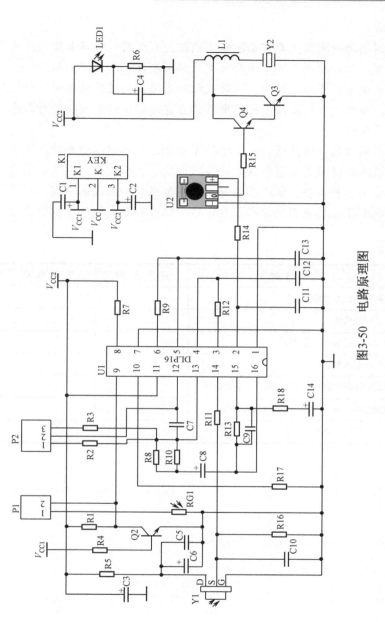

图3-50 电路原理图

項目小结 ▶ -

　　红外线的波长范围为 $0.78 \sim 1000\mu m$，它与可见光、紫外线、X 射线、γ 射线和微波、无线电波一起构成了整个无限连续电磁波谱。在红外技术中，通常把整个红外辐射波段按波长分为 4 个波段。

　　在自然界中，只要温度高于绝对零度（-273.15℃）的物体都在不断向外辐射红外线，这种现象称为热辐射。发射红外电磁波的物体或者器件称为红外辐射源，主要有标准辐射源、工程用辐射源、自然辐射源、红外系统探测相关辐射源和人体等。

　　在红外技术的应用中，红外辐射自目标物发射出来后，要在大气中传播相当长的距离才能到达观测仪器。除去几何的发散，红外辐射在大气中传输时会有很大的衰减，主要是吸收衰减和散射衰减。

红外探测器的特性参数主要有响应率、响应波长范围、噪声电压、噪声等效功率、探测率和响应时间等。红外探测器可分为两大类：热探测器和光子探测器。

红外成像系统可分为以下两种：主动式红外成像，指运用物体对红外辐射的不同反射特征而进行成像；被动式红外成像，是运用物体自身发射的红外辐射进行成像。被动式红外成像装置也称为热像仪。

红外热像仪的应用非常广泛，如用于楼宇检测、公路建设与养护、汽车工业等。

红外测温技术的特点是非接触式、反应速度快、灵敏度高、测温范围广。红外测温仪按测温范围可划分为三种类型：低温测温仪、中温测温仪和高温测温仪。

红外技术在军事上的应用主要有红外雷达、红外制导、红外对抗等。

自我评价

项　　目	目 标 内 容	存 在 问 题	掌 握 情 况	收 获 大 小
知识目标	了解红外技术的基础知识			
	认识红外成像			
	学习红外技术的广泛应用			
技能目标	掌握探测器的使用			
	通过技能训练提高独立组装电子产品的能力			
情感目标	感受红外技术给我们的生活带来的变化			
	进一步提高对课程的兴趣			

第 4 章

光电转换现象和图像显示器件

人类通过自身的视觉、听觉、味觉获取客观世界的信息，而其中大部分信息是由视觉获取的，视觉信息是以光为载体的，因此十分需要将各种信号转换成光信号。光电子技术能将电信号直接转换成光信号，也能在信号的处理、传输过程中将原始信号转换为光信号，如光纤通信系统中可以将电信号转换为光信号，然后耦合到光纤中进行传输。光纤将在第 5 章介绍。将电信号转换为光信号的器件称为光电转换器件，目前光电转换器件种类繁多，各具特色。本章主要介绍照相机和摄像机的传感器、触摸屏、液晶显示屏（LCD）、等离子体显示屏（PDP）、电致发光（EL）、电子书阅读器和发光二极管（LED）等。

4.1 光电转换现象

光电转换现象的应用十分广泛，能源、显示等很多光电器件和设备的工作原理都是基于光电转换的原理。如太阳能电池、发光二极管、平板显示、虚拟显示、高清晰度显示、语言和图形识别等。本节主要介绍光电效应和电光效应的基础知识与应用实例。

4.1.1 光电效应

光照射到某些物质上，引起物质的电性质发生变化，也就是光能量转换成电能，这类光致电变的现象统称为光电效应。光电效应分为光电子发射、光生伏特效应和光电导效应。前一种现象发生在物体表面，又称为外光电效应；后两种现象发生在物体内部，称为内光电效应。

1. 光电子发射

如图 4-1 所示，用紫外灯照射带有负电的锌板，锌板与验电器相连，验电器指针张开，说明锌板被光照射发射电子。光电效应中发射出来的电子叫做光电子。阴极射线管、激光器都属于光电子发射。

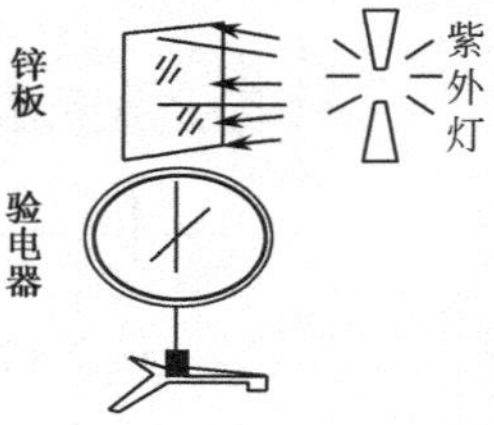

2. 光生伏特效应

在光的照射下能输出电压称为光生伏特效应。如图 4-2 所示的太阳能电池是光生伏特效应的应用。另外，还有光敏二极管、光敏三极管和半导体位置敏感器件，也是光生伏特效应的应用。

太阳能电池可用于热水器、路灯照明、太阳能汽车、卫星供能等，如图 4-3 所示。

图 4-1 光电子发射图

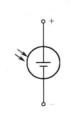

（a）太阳能电池实物图　　　　（b）太阳能电池组成图　　　　（c）太阳能电池的符号

图 4-2　太阳能电池

（a）太阳能电池玻璃车　　　　（b）太阳能电池在卫星上的应用　　　　（c）太阳能热水器

图 4-3　太阳能电池的应用

【知识拓展】以发电玻璃为代表的新光电材料，即以玻璃为透光的衬底材料的"碲化镉薄膜太阳能电池"不断刷新转化率全球纪录，特别是其对弱光性能也很好。我国也已投产此方向的新光电材料，它是能源动力等战略领域的关键功能材料。

3. 光电导效应

光照射到某些物体上后，引起其电导变化的现象称为光电导效应。在光线作用下，半导体的导电性增加，阻值减小，这种现象称为光电导效应。光敏电阻、光电二极管就是基于这种效应的光电器件。如图 4-4（a）所示为光敏电阻的原理图，光照在光敏电阻上，电导变大，电阻变小，电流就变大。图 4-4（b）为光敏电阻的实物外形图，图 4-4（c）为光敏电阻的符号。

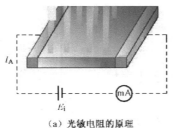

（a）光敏电阻的原理　　　　（b）光敏电阻的实物外形　　　　（c）光敏电阻的符号

图 4-4　光敏电阻

　　硒化铊、硫化铊，硫化铋及锗、硅光敏电阻常用于各种自动控制系统，如光电自动开关门窗、光电计算器、光电控制照明、自动安全保护等。对红外线敏感的光敏电阻称为红外光敏电阻，如硫化铅、碲化铅、硒化铅等，可用于夜间或淡雾中探测能够辐射红外线的目标、红外通信、导弹制导等。

4.1.2　电光效应

某些各向同性的透明物质在电场的作用下显示出光学各向异性，物质的折射率因外加电场而发生变化的现象称为电光效应。电光转换包括电转换成光、电调制光等现象，如激光、液晶和发光二极管。

1．液晶的电光效应

液晶分子是在形状、介电常数、折射率及电导率上具有各向异性特性（即各种性质表现出沿不同方向有差异）的物质，如果对这样的物质施加电场（电流），随着液晶分子的取向结构发生变化，它的光学特性也随之变化，这就是通常说的液晶的电光效应。

2．电光调制

电光调制即电调制光。当加在晶体上的电场方向与通光方向平行时，称为纵向电光调制（也称为纵向运用）；当通光方向与所加电场方向相垂直，则称为横向电光调制（也称为横向运用）。

电光调制器、电光开关、电光光偏转器等，可用于光闸、激光器的 Q 开关和光波调制、并已在高速摄影、光速测量、光通信和激光测距等激光技术中获得重要应用。

3．发光二极管的发光原理

发光二极管由两类半导体结合而成（N 型和 P 型），然后引出两个电极，再封装起来。它与普通二极管一样具有单向导电性。

用下面的实验可验证发光二极管的单向导电性。发光二极管加正向电压时，二极管导通，则二极管发光；发光二极管加反向电压时，二极管截止，二极管就不发光。如图 4-5 所示，图（a）和图（b）为正向导通，能量以光的形式释放出来而发光；图（c）和图（d）为反向截止，没有光能释放出来，不发光。

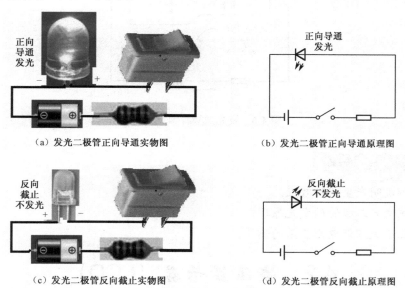

（a）发光二极管正向导通实物图　　　　（b）发光二极管正向导通原理图

（c）发光二极管反向截止实物图　　　　（d）发光二极管反向截止原理图

图 4-5　发光二极管的单向导电性

发光原理：在某些半导体材料的 PN 结中，注入的少数载流子与多数载流子复合时，会把多余的能量以光的形式释放出来，从而把电能直接转化成光能。

 **知识拓展**

二极管的电致发光原理

在硅半导体中掺入像硼那样的三价元素（电子结构外层只有三个电子），半导体中就多了能导电的正电荷（positive charge），这种半导体称为 P 型半导体，好像带负电荷的电子跑了留下的空洞，这个空洞称为空穴，所以 P 层半导体中多数载流子为空穴；能导电的电子很少，故 P 层半导体中少数载流子为电子。在硅半导体中掺入像磷那样的五价元素（电子结构外层有五个电子），半导体中就多了能导电的负电荷（negative charge），这种半导体称为 N 型半导体，所以 N 层多数载流子为电子，能导电的空穴很少，故 N 层半导体中少数载流子为空穴。

如图 4-6 所示，发光二极管的核心部分是由 P 型半导体和 N 型半导体组成的晶片，在 P 型半导体和 N 型半导体之间有一个过渡层，称为 PN 结。在某些半导体材料的 PN 结中，当两端加上正向电压时（处于正向工作状态），电流从阳极流向阴极，P 层注入少数载流子电子与多数载流子空穴复合，N 层注入少数载流子空穴与多数载流子电子复合，复合时会把多余的能量以光的形式释放出来，从而将电能直接转换为光能，半导体晶体就发出从紫外到红外不同颜色的光线，光的强弱与电流有关。PN 结加反向电压，少数载流子难以注入，故不发光。这种利用注入式电致发光（通电导致发光）原理制作的二极管称为发光二极管，通称 LED。

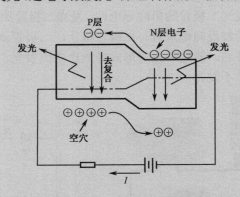

图 4-6 发光二极管的发光原理

 **思考与练习 4-1**

（1）举例说明光生伏特效应。

（2）简述发光二极管的发光原理。

（3）举三个太阳能电池应用的例子。

4.2 液晶显示器（LCD）

在两片透明电极基板（两片平行的玻璃）中间充入液态的晶体，形成"三明治"结构，两片玻璃中间有许多垂直和水平的细小电线，透过通电与否来控制杆状水晶分子改变方向，将光芒折射出来产生图像，这就是液晶显示器的原理。液晶显示器的应用很广，电视、计算机、手机、电子词典等都可用液晶作为显示，如图 4-7 所示。

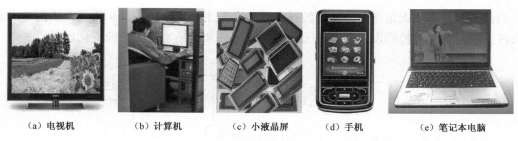

(a) 电视机   (b) 计算机   (c) 小液晶屏   (d) 手机   (e) 笔记本电脑

图 4-7 液晶显示器

4.2.1 液晶

液晶是一种高分子材料介于固体与液体之间的一种状态，具有特殊形状的分子（层状、线状、胆固醇分子的形状）组合才能产生，有着特殊的物理、化学、光学特性，20 世纪中叶开始广泛用于轻薄型的显示技术。液晶，英文名称为 Liquid Crystals，简称 LC，用它制成的液晶显示器件称为 LCD。

1. 热致液晶和溶致液晶

（1）热致液晶

某些物质——液晶，当其固态受热时，不会直接熔解为液体，而是转化为液晶态。当持续加热时，才变为液体，这就是所谓的二次熔解现象。当温度超出一定的范围，液晶不再呈现出液晶态。温度降低，出现结晶现象；温度升高，就变成液体，如图 4-8 所示。液晶显示器件标注的存储温度指的就是呈现液晶态的温度。

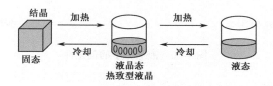

图 4-8 液晶分子的不同状态

（2）溶致液晶

某些有机物放在一定的溶剂中，由于溶液浓度发生变化而出现的液晶称为溶致液晶，如肥皂水。

应用提示

目前用于显示的液晶材料基本上都是热致液晶，生物系统中则存在大量溶致液晶。目前发现的液晶物质已有近万种。

液晶能随着温度的变化，使颜色从红变绿、蓝，这样可以显示出某个实验中的温度。液晶遇上氯化氢、氢氰酸之类的有毒气体，也会变色。在化工厂，人们把液晶片挂在墙上，一旦有微量毒气逸出，液晶就会变色，提醒人们赶紧去检查、补漏。

2．液晶的主要特性

（1）光电效应

当液晶的两端加上电场时，液晶的排列状态会发生改变，如图 4-9 所示，从而造成光线穿透液晶层时的光学特性发生改变，因此可以利用外加电场来产生光的变化现象。

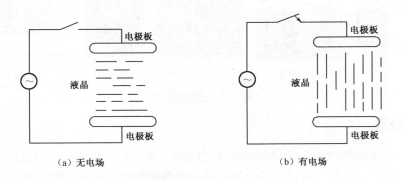

（a）无电场   （b）有电场

图 4-9　液晶分子在有、无电场不同情况下的不同排列

（2）偏振旋光性

光线经过特殊栅栏后会具有一定的行走方向。一束偏振光经过液晶后其偏振方向有时会改变，如图 4-10 所示。到底会不会改变，视液态晶体的排列而定。所以改变液晶的排列方式即可改变通过光的偏振性。

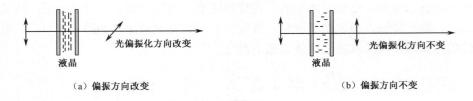

（a）偏振方向改变   （b）偏振方向不变

图 4-10　液晶分子的偏光性

4.2.2　液晶显示器

1．液晶显示器的组成

液晶显示器由液晶显示屏、时序电路、灯管、背光、控制板和逆变器组成。

（1）液晶显示屏

液晶显示屏里面是液态晶体和网格状的印制电路。早期的液晶显示屏是 TN 液晶显示屏，在 TN 液晶显示屏的基础上发展起来的 TFT 液晶屏显示效果更好，其结构有所不同。下面介绍这两种显示屏的结构。

① TN 液晶显示屏：通常包括由玻璃基板、ITO 膜、配向膜、偏光板等制成的夹板，共有两层，称为上下夹层，每个夹层都包含电极和配向膜上形成的沟槽。上下夹层中的是液晶分子，接近上部夹层的液晶分子按照上部沟槽的方向排列，而下部夹层的液晶分子则按照下部沟槽的方向排列。在生产过程中，上下沟槽呈十字形交错，即上层液晶分子的排列是横向的，下层液晶分子的排列是纵向的，而位于上下之间的液晶分子接近上层的就呈横向排列，

接近下层的则呈纵向排列。液晶分子的排列就像螺旋形的扭转排列，因而 TN 液晶显示屏被称为扭曲向列显示屏，如图 4-11 所示。

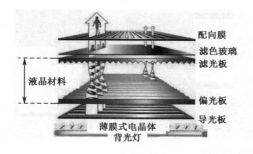

图 4-11　TN 液晶显示屏的结构

② TFT 液晶显示屏：这是一种薄型的显示器件，由上下两块相互平行的玻璃（基板）构成，玻璃衬底之间充满 TN 型的液晶体，四周密封组成一个扁平状的盒式密封体，如图 4-12 所示。

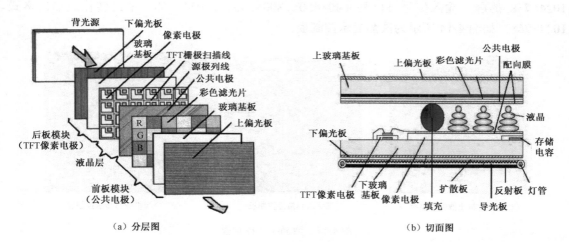

（a）分层图　　　　　　　　　　（b）切面图

图 4-12　TFT 液晶显示屏的结构

　　TFT 液晶显示屏与 TN 液晶显示屏的差别是把 TN 上部夹层的电极改为 FET 晶体管，而下层改为公共电极。在光源设计上，TFT 的显示采用"背透式"照射方式，即假想的光源路径不是像 TN 液晶那样从上至下，而是从下向上，其制作方法是在液晶的背部放置类似日光灯的光管。光源照射时先通过下偏光板向上透出，同时借助液晶分子来传导光线。由于上下夹层的电极改成 FET 电极和公共电极，在 FET 电极导通时，液晶分子的表现如 TN 液晶的排列状态一样会发生改变，会通过遮光和透光来达到显示的目的。但不同的是，由于 FET 晶体管具有电容效应，能够保持电位状态，先前透光的液晶分子会一直保持这种状态，直到 FET 电极下一次再加电改变其排列方式。相对而言，TN 就没有这个特性，液晶分子一旦没有施压，立刻就返回原始状态，这是 TFT 液晶和 TN 液晶显示的最大不同之处。

　　（2）时序电路

　　时序电路用于产生控制液晶分子偏转顺序的时序和电压。

　　（3）背光源

　　灯管产生白色光源，背光把灯管产生的光反射到液晶屏上，以前常用冷阴极荧光灯（CCFL

背光源）作背光源，如图 4-13（a）所示。CCFL 背光源具有能源利用率低、功耗较高和寿命短等缺点，而 LED 背光灯不用汞，所以 LED 背光灯在逐步普及，如图 4-13（b）所示。

（a）冷阴极荧光灯作背光灯

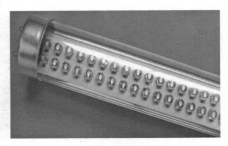
（b）LED背光灯

图 4-13　背光灯

（4）控制板

控制板起信号转换作用，把各种输入格式的信号转化成固定输出格式的信号。例如，对 1024×768 的屏，输入信号可以是 640×480、800×600、1 024×768…最终转化成输出格式 1024×768。如图 4-14 所示为液晶显示控制板。

（a）单片机小液晶控制板

（b）真彩液晶控制板

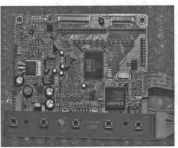
（c）电视机液晶显示控制板

图 4-14　液晶显示控制板

（5）逆变器

逆变器可产生高压，用于点亮灯管。

【注意】逆变器会产生高压，应注意安全。

应用提示

　　液晶屏幕的表面看似一片坚固的黑色屏幕，其实在这层屏幕上厂商都会加上一种特殊的涂层。这种特殊涂层的主要功能在于防止使用者在使用时受到其他光源的反光及炫光，同时加强液晶屏幕本身的色彩对比效果。不过因为各厂商所使用的镀膜材料不尽相同，所示其耐久程度也会有所差异。由于液晶面板本身复杂的物理结构设计，因此使用者在清洁时，千万不可随意用任何碱性溶液或化学溶液、不知名的清洁液，更不能使用清水和酒精溶液擦拭屏幕表面。可以使用专用的液晶擦拭布如 Superma×2020 在液晶面板上轻轻擦拭，一般的布和纸巾是液晶面板的杀手。

2．液晶显示器的工作原理

（1）TN 型液晶显示屏的工作原理

目前较为常用的 TFT 型液晶显示屏是在 TN 型液晶显示屏的基础上发展而来的，所以在介绍 TFT 型液晶显示屏的原理之前，先介绍 TN 型液晶显示屏的原理。

① 偏光板（偏振片）。大家知道，光是一种电磁波，光的行进方向与光的电场和磁场的方向都垂直，而光的电场和磁场本身也相互垂直，所以光的行进方向、光的电场和磁场的方向是两两相互垂直的。光的电场方向称为光的偏振方向，可以用偏光板来选择某一特定方向的偏振光。偏光板的作用就像栅栏一样，会阻隔掉与栅栏垂直的分量，只允许与栅栏平行的分量通过。所以如果拿起一片偏光板对着光源看，会感觉像是戴了太阳眼镜一般，光线变得较暗。但是如果把两片偏光板叠在一起，就不一样了。旋转两片偏光板的相对角度，会发现随着相对角度的不同，光线的亮度会越来越暗。当两片偏光板的栅栏角度相互垂直时，光线完全无法通过。液晶显示器就是利用这个特性来工作的。在上下两片相互垂直的偏光板之间充满液晶，再利用电场控制液晶转动，来改变光的行进方向，如此一来，不同的电场大小就会形成不同的灰阶（亮度），如图 4-15 所示。

② TN 型（扭转向列型）液晶显示屏　当上下两块玻璃之间没有施加电压时，液晶的排列会依照上下两块玻璃的配向膜而定。对于 TN 型的液晶来说，上下配向膜的角度差恰为 90°（见图 4-16），所以液晶分子的排列由上而下会自动旋转 90°。不加电压时，入射的光线经过上面的偏光板，再通过液晶分子，偏光被液晶分子层旋转 90°。离开液晶层时，其偏光的方向恰好与下偏光板的方向一致，如图 4-17（a）所示，所以光线可以顺利通过。在这种情况下，液晶相当于透明的，可以看到反射板的电极，如图 4-18（a）所示。但是如果对上下两块玻璃之间施加电压，则 TN 型液晶分子受电场影响，其排列方向会倾向平行于电场方向。所以可以看到，液晶分子的排列变成站立着的，如图 4-17（b）所示。此时通过上层偏光板的偏光，经过液晶分子时不会改变方向，因此无法通过下层偏光板，如图 4-18（b）所示。在这种情况下，没有光线反射回来，也就看不到反射板的电极，所以在电极的位置就出现了黑色。只要将电极做成不同字的形状，就可以看到不同的黑色字。这种黑字，不是液晶变色形成的，而是光被阻挡或者穿透的结果。图 4-19 就是 TN LCD 显示器。

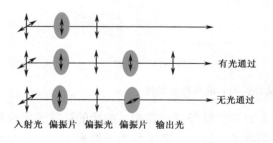

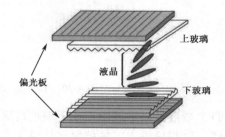

图 4-15　偏光板原理示意　　　　　图 4-16　TN 型液晶显示板的基本显示单元

综上所述，TN 型液晶显示的原理是，在外加电场的作用下，棒状的液晶分子会呈现出不同的排列状态，使得穿过液晶的光被调制，从而显示出明与暗的效果。通过改变电压的大小，可以改变液晶转动的角度和光的方向，从而达到改变字符亮度的目的。

（2）TFT 型液晶显示屏（薄膜晶体管液晶平板）的工作原理

这是在 TN 型液晶显示的基础上发展起来的，也是通过给电极加电场、使液晶改变光线方向，来控制光线是否通过或通过的多少，如图 4-20 所示。

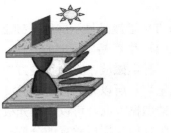
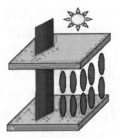

（a）不加电压　　　　　　　　　（b）加电压

图 4-17　TN 型（扭转向列型）液晶分子的排列

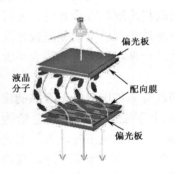
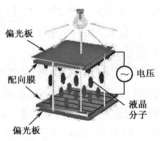

（a）不加电压时光透过　　　（b）加电压时光不能透过

图 4-18　TN 型（扭转向列型）液晶显示原理　　　　图 4-19　TN LCD 显示器

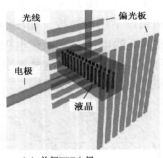
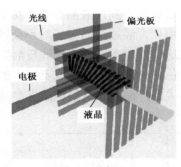

（a）关闭FET电极　　　　　　　　　（b）打开FET电极

图 4-20　TFT 型（薄膜晶体管型）液晶显示原理

　　TFT 型液晶显示屏中，在下玻璃衬底上分布着许多横竖排列并相互绝缘的格状透明金属膜导线，这些导线将下玻璃衬底分成许多微小的格子，这些小格子称为子像素单元。每个小格子中又有一片与周围导线绝缘的透明金属膜电极，该电极称为金属电极或像素电极。在像素电极的一角，用印刷的方法制作了一支 TFT 场效应晶体管，起到开关管的作用，利用加在 TFT 场效应管栅极上的电压来控制源、漏极之间的电流。在上玻璃衬底上也同样划分为许多小格子，每个格子与下玻璃衬底的一个像素电极相对应，但是它没有独立的电极而是覆盖着一小片 R（红）、G（绿）、B（蓝）三基色的透明薄膜滤光片，该滤光片称为彩色薄膜滤光片，用来还原出正常的色彩。整个上玻璃衬底还均匀覆盖着一层透明导电膜，称为公共电极。公共电极与下玻璃衬底的每个像素电极之间构成一个小电容器，当控制信号线选中该像素单元的 TFT 管时，TFT 管导通，使得该像素电极与公共电极的电容充电，形成作用于上下玻璃衬底之间的液晶分子的电场，从而使透过该像素的光随这个电场而变化。由于透过的光线覆盖的彩色薄膜滤光片颜色不同（红、绿、蓝），因此可以显示出不同的红、绿、蓝颜色。

如果用放大镜放大液晶屏，会看到如图 4-21 所示的样子。即整个液晶屏实际上是由许多像素单元构成的，而每个像素单元又由 R、G、B 三个子像素单元组成。红色、蓝色及绿色是所谓的三原色，也就是说利用这三种颜色，可以混合出各种不同的色彩。我们把 R、G、B 三种颜色分成独立的三个点（子像素），当液晶的供应电压变化时，液晶分子的排列会产生变化，因而光线的折射角度就会不同，R、G、B 三个子像素就会各自拥有不同的灰阶（亮度）变化。把邻近的三个 R、G、B 显示的点当做一个显示的基本单位，也就是一个像素，则这一个像素就可以拥有不同的色彩变化。而各个像素结合起来，就形成了整个液晶屏的色彩变化。

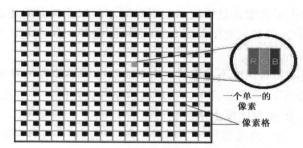

一个单一的
像素

像素格

图 4-21　液晶屏像素单元图

应用提示

一个分辨率为 1 024×768 的显示画面，表示显示器可以显示 768 行、1024 列，共可显示 1024×768=786 432 个像素点。由于每个像素点都由 R、G、B 三个像素单元构成，分别负责红、绿、蓝的显示，因此，共有约 240 万个 R、G、B 像素单元。

4.2.3　液晶电视的优点和缺点

1．液晶电视的优点

液晶电视与传统 CRT 电视相比，省电、辐射低，不会出现任何的几何失真，可视面积大、分辨率高、轻薄。

① 液晶电视与传统 CRT 和等离子电视相比，一大优点是省电，液晶电视只有同尺寸 CRT 电视的一半功耗，比等离子电视更是低很多。

② 与传统 CRT 电视相比，液晶电视在环保方面也表现不俗，这是因为液晶显示器内部不存在像 CRT 那样的高压元器件，不至于出现由于高压导致的 X 射线超标的情况，所以其辐射指标普遍比 CRT 要低一些。

③ 由于 CRT 显示器是靠偏转线圈产生的电磁场来控制电子束的，而电子束在屏幕上又不可能绝对定位，所以 CRT 显示器往往会存在不同程度的几何失真、线性失真情况。液晶显示器则由于其原理问题不会出现任何的几何失真、线性失真，这也是一大优点。

④ 液晶显示器可视面积大。一般 CRT 显示器在显像时，显示器画面四周会有一些黑边占去可视画面；而液晶显示器的画面不会有这些问题，为完全可视画面。例如，13 寸的液晶显示器就相当于 15 寸的 CRT 显示器。

⑤ 高分辨率/精细的画质。一般液晶电视的分辨率可达到 1366×768 或者 1920×1080，比 CRT 和等离子电视都有很大的优势。

⑥ 液晶显示器比较轻薄。

2．液晶电视的缺点

液晶电视的缺点有可视角度过小、容易产生影像拖尾现象、液晶电视的亮度和对比度不是很好、液晶会出现个别像素坏掉的现象、寿命有限等。

① 可视角度过小。以前的面板一般只能做到 160°，现在虽然技术在不断发展，已经出现了 176°甚至 178°的面板，但 CRT 和等离子都没有这个问题。

② 容易产生影像拖尾现象。足够快的响应时间才能保证画面的连贯，这一点在玩游戏、看快速动作的影像时十分重要。现在主流 LCD 面板还是在 8ms 左右，高端面板做到了 4ms，很多厂家宣传做到了 1ms。

③ 液晶电视的亮度和对比度不是很好。由于液晶分子不能自己发光，所以，液晶显示器需要靠外界光源辅助发光，也就是背光。这是显示原理决定的，不好改进。虽然各个厂家在技术上做了很多努力，但在对比度上依然远远落后于 CRT 和等离子。

④ 液晶"坏点"问题。液晶显示屏的材料一般采用玻璃，很容易破碎，再加上每一个像素都十分细小，常常会造成个别像素坏掉的现象，俗称"坏点"，这是无法维修的，只能更换整个显示屏，而更换的价格往往十分昂贵。

⑤ 寿命有限。液晶电视不像 CRT 那么耐用，虽然号称可以使用 10 年甚至更长，但是背光灯管的寿命较短，能坚持 6～8 年已相当不错。

4.2.4 液晶显示器的应用和发展趋势

液晶显示器是我们日常生活中最常见的产品之一，对小尺寸的液晶面板而言，最主要用于数字相机、数字摄影机、手机、汽车仪表板的显示器等，而大尺寸面板则以 PC、液晶电视机等有关信息通信和网络的产品为主，如图 4-22 所示。随着液晶产品价格的下降，液晶显示器也呈现出多样化的发展趋势。在技术创新步伐加快、市场不断扩大的液晶时代，未来应用将有如下几种态势。

（a）液晶电视机　　　　　　（b）摄像机的液晶屏　　　　　　（c）手机的液晶屏

图 4-22　液晶显示的各种应用

1. 加快响应时间

早期的液晶显示器之所以"吓跑"一些潜在消费者，主要是其响应时间过慢。现在购买计算机的用户基本上是以游戏、播放电影等使用为主，而液晶显示器纵然有辐射低、产生热量小的优点，但在大型的游戏运行时不能随心所欲，拖尾残影的现象是大家不能忍受的。所以，现在的液晶厂商采用增加驱动电压和降低液晶黏稠度及开发色彩优化技术等方法并采用全新的液晶材质（如低温多晶硅）来提高液晶的响应速度。目前，低温多晶硅技术已经逐渐成熟。采用低温多晶硅作为玻璃基板不但能够降低成本，还可以使电子迁移速率更快。根据测试，低温多晶硅面板的电子迁移率比传统非晶硅面板快出 400 倍，这样就可以使多晶硅 LCD 的反应速度极快，从而加快液晶显示器的响应时间。

2. 宽屏应用成为热点

普通显示屏的屏幕长宽比例均为标准的 4：3，而新兴的宽屏长宽比为 16：9 或 16：10，两者对比，其差距是不言而喻的。通常在观看宽荧幕格式记录的电影时，传统的 4：3 显示器会在屏幕上下留有两道黑边，这样就给可视范围带来了局限性。16：9 或 16：10 的画面比例，更接近人眼睛视野的黄金比例，用这样的屏幕使用计算机，观看电视及电影，画面看起来感觉更加舒适。目前越来越多的厂家推出了许多支持宽屏模式的游戏。新一代的平板电视是宽屏的，宽屏笔记本电脑的销售在持续升温，掌上宽屏产品也越来越普及。

3. 无线液晶显示器

为了摆脱电话线的牵绊，手机和无绳电话出现了；为了让音乐无处不在，蓝牙耳机问世了。随着当今社会的无线趋势越发明显，液晶显示器早晚也会像无线耳机、键盘和鼠标等设备一样不再聚集在一个有限的空间。无线液晶显示器可以把我们从局限的空间中解放出来，我们可以在沙发上浏览网页，可以趴在床上看电子书，还可以在厨房下载烧菜配方。相信不久会有更多的厂商加入到无线液晶显示器的研发中来，也会有更多的好产品、新功能同我们见面。

4. 更加环保节能

随着 LED 背光源技术的日渐成熟，节能环保达到了新高度。近年来白光 LED 技术在发光效率方面也取得了大踏步的前进，所以我们看到 LED 背光的液晶显示器节能特性也已经超越了 CCFL 产品。另外，和传统的 CCFL 背光灯管不同的是，LED 背光源不含汞元素，因此可以避免在废弃和回收过程中对环境造成污染，所以从这个角度上来说也更加绿色环保。

应用提示

我们在挑选液晶显示器时，通常十分关心该显示器的坏点数，那么到底什么是液晶显示器的坏点呢？坏点是液晶面板上不可修复的像素点，是在生产过程中产生的。产生坏点的多少直接与生产厂家的技术和工艺水平相关。就目前来看，每批生产出来的液晶板通常都有 20% 的产品有坏点。随着技术的不断完善，一些品牌的液晶板坏点率已经能够控制到 10% 以内，不过零坏点率尚属罕见。通常坏点包括亮点和暗点。亮点是当设定屏幕显示的画面全黑时，屏幕上所显示的红、绿、蓝光点；

暗点是当设定屏幕显示的画面全白或为同一颜色时，屏幕上不显示颜色的点。

主流液晶显示器产品所标称的等级标准为如下。

AA 级：无任何坏点的 LCD 显示器为 AA 级。

➤ A 级：3 个坏点以下，其中亮点不超过 1 个，且亮点不在屏幕中央区内。

➤ B 级：3 个坏点以下，其中亮点不超过 2 个，且亮点不在屏幕中央区内。

思考与练习 4-2

（1）简述液晶的主要分类和各个类别液晶的特点。

（2）简述液晶显示屏的分类和各自的特点。

（3）简述 TN 型液晶显示器的结构和工作原理。

（4）简述 TFT 型液晶显示器的结构和工作原理。

（5）液晶显示器的发展趋势如何。

技能训练 8　制作小点阵液晶显示器件显示时间（年月日时分秒）

1．技能训练目的

（1）初步了解点阵式液晶显示器件的工作原理。

（2）掌握点阵式液晶显示器件的手工焊接方法、步骤和要领。

（3）初步掌握点阵式液晶显示器件的调试方法。

2．技能训练器材

（1）电烙铁 1 把。

（2）单片机控制点阵式液晶 PCB 1 块。

（3）单片机控制点阵式液晶套件 1 套（主要包括烧写好程序的 89C52 单片机芯片、液晶显示模块和外围器件）。

（4）焊锡丝若干、松香若干。

3．技能训练内容

（1）用无水乙醇对 PCB 的焊盘、器件的引脚进行处理，去除氧化膜并对元器件进行整形。

（2）对照 PCB 图按照工艺要求焊接装配电路。

（3）按照电路原理图接上电源，观察液晶屏幕是否显示相应的内容（与单片机程序有关）。

（4）烧写不同的单片机程序，以显示不同的内容。

4．电路图

电路原理图如图 4-23 所示。

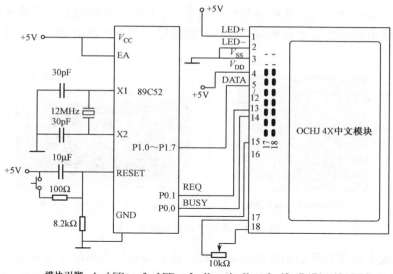

模块引脚：1—LED+；2—LED−；3—V_{SS}；4—V_{DD}；5～12—DATA；13—REQ；
14—BUSY；15—RESET；16—NC；17—RT1；18—RT2

图 4-23　电路原理图

4.3　等离子体显示板（PDP)

等离子体显示板（Plasma Display Panel，PDP）是人们期望用以代替 CRT 显示的新型显示器件之一。等离子体平板显示器是继液晶显示器（LCD）之后的最新显示技术之一。它可用作适应数字化时代的各种多媒体显示器，适用于制造大屏幕壁挂电视、高清晰度电视等，有着广泛的应用前景。等离子体平板显示器已开始出现在显示器市场的大舞台。

4.3.1　等离子体显示板的发展和结构

1. 等离子体显示板的发展

1964 年美国伊利诺斯大学教授贝塞特发明了交流等离子体显示板，1968 年荷兰飞利浦公司的波依尔发明了直流等离子体显示板。1983 年，美国的 Photonics 公司制作出全球第一款大型单色等离子体显示器，如图 4-24（a）所示，对角线为 1m，有 1212×1596 个单元，虽然它只有黑色和橙色两种颜色，但是同尺寸的液晶显示器所采用的技术却根本无法与之相比。进入 20 世纪 90 年代，在高清电视（HDTV）的强烈刺激和 LCD 较难实现大面积显示的推动下，彩色 PDP 技术迅速突破，于 1993 年首先实现彩色 PDP 的批量生产，1996 年多家公司推出 53cm 彩色 PDP 产品，其主要性能指标达到了 CRT 的水平。图 4-24（b）所示为 Weber 展示他与松下公司合作开发的 60 英寸等离子显示器屏幕。可以说，PDP 比其他平板显示更适合用于大画面的显示。

2. 等离子体显示板的结构

如图 4-25（a）所示，表面放电型彩色 PDP（等离子体显示板）主要由前后两块玻璃基板和等离子体发光管（有效显示区）三部分组成，以低熔点玻璃作为密封材料将前后玻璃基板贴合在一起，将贴合后的两块玻璃基板间的等离子体发光管抽成真空后充入氖、氙之类能够在发生气体放电时产生紫外线的混合气体，再连接上相应的驱动电路，这样就构成了等离子体显示板。

（a）大型单色等离子体显示器　　　　　　　（b）60 英寸等离子显示器屏幕

图 4-24　等离子体显示板的发展

前玻璃基板上设置有供放电用的透明电极，正对着透明电极的稍下方是发生气体放电的部位。为降低透明电极的电阻，在其上再制作由金属 Cr–Cu–Cr 组成的总线电极，也称汇流电极。电极内侧覆盖透明介质层和氧化镁（MgO）保护层。此保护层除能起到保护透明电极的作用，还具有发射电子、维持放电状态、限制放电过流等作用。前玻璃基板的结构如图 4-25（b）所示。

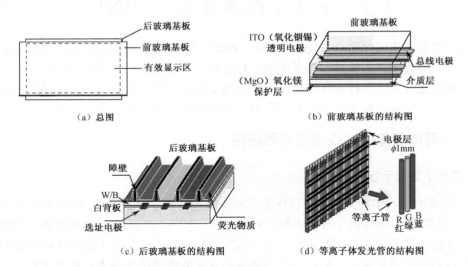

图 4-25　表面放电型彩色 PDP 显示屏结构示意图

后玻璃基板上设有写入用的选址电极，在此电极上覆盖一层白色介质层，作隔离和反射之用。再在其上设置与选址电极平行的条状障壁阵列，障壁用于防止单元间的光串扰和分隔放电空间。障壁底部和侧面涂覆荧光粉，相邻三个障壁槽内分别涂覆红、绿、蓝三基色荧光粉。后玻璃基板的结构如图 4-25（c）所示。

等离子体发光管是指在口径 1mm 左右的细长玻璃管上通过在两张薄玻璃板之间充填混合气体，施加电压使之产生离子气体，然后使等离子气体放电并与基板中的荧光体发生反应，从而产生彩色影像。将这种等离子管做成 R、G、B 三种颜色，然后通过排列三色等离子管，就能实现超大尺寸高精细显示器，如图 4-25（d）所示。

等离子体显示板是利用气体放电发光进行显示的平面显示板，简单来说可看成由大量的小型日光灯排列构成的显示装置。它采用等离子管作为发光元件。大量的等离子管排列在一起构成整个全屏幕。每个等离子管作为一个像素，每个像素由三种不同颜色的发光体组成——红、绿、蓝。由这些像素的明暗和颜色组合变化产生各种灰度和色彩的图像。

PDP 显示屏的制作工艺

1. PDP 的基板

玻璃基板是 PDP 显示屏的重要部件，也是显示屏材料成本的重要组成部分之一。对 PDP 基板的要求，除了表面平整、透明度好、无气泡和划伤等通常要求之外，还要求它所使用的介质封接材料匹配良好。PDP 基板的另一个重要要求是它的应变点要高。这是因为在 PDP 制造过程中，需要经受多次高温处理，经受的最高温度在 500℃ 以上。在多次高温处理的过程中基板会产生明显的塑性形变，给不同工艺步骤的对准带来很多困难。而提高玻璃的应变点可以显著减少基板的形变，大大提高成品率。

2. PDP 的介质和障壁

PDP 的介质材料通常由 SiO_2（二氧化硅）、CaO（氧化钙）、PbO（氧化铅）等一系列玻璃粉材料组成，通过调节这些成分的比例，可以制作出符合要求的玻璃粉，日本、韩国、美国等有多家公司有成套材料出售。我国正在开发相应的替代产品。由于欧盟对环保的要求，国外已经开始使用不含 Pb（铅）的介质材料。障壁制作是彩色 PDP 所特有的技术。对障壁几何尺寸的要求是障壁应尽可能窄，以增大像素的开口率（像素开口率是指显示像素上有效显示面积所占的比例大小）。要求障壁端面平整度优于正负几微米，以防止因交叉干扰而引起 PDP 在寻址时的误动作。障壁主体应该是白色，有较高的反射度；端面为黑色，以提高器件的对比度。障壁制作的主要方法有丝网印刷法、喷砂法、光敏浆料法和模压法。几种主要障壁制作技术的比较如表 4-1 所示。

表 4-1　几种主要障壁制作技术的比较

方　　法	工艺要求	环境要求	产　率	材料消耗	障壁厚度/μm	实用程度
印刷法	高	严	低	小	100	初期用
喷砂法	中	一般	高	大	80	大生产
光敏浆料法	中	一般	高	大	60	大生产
模压法	中	一般	高	小	30	研究开发

3. PDP 荧光粉

气体放电产生紫外线，激发红、绿、蓝荧光粉发射可见光，这种荧光粉称为光致荧光粉。彩色 PDP 用的荧光粉就是光致荧光粉，紫外光的能量不过 5～6eV（电子伏），而 CRT 中的电子能量大于几万电子伏，因此光致发光荧光粉的激发密度远低于阴极射线发光，因而有较高的转换效率。一些材料在电子束的激发下易于发光，但不能在 VUV（紫外线）的照射下发光。因此这两种粉无论在基质材料还是在掺杂浓度方面都有很大的不同。

**应用提示**

在 PDP 的制作过程中，由于目前工艺的限制，不可避免地存在缺陷点的问题。所谓缺陷点，就是不能随图像的变化正常点亮或熄灭的点。从理论上来说，缺陷点包括以下几种类型。

➢ 常亮点：无图像显示时持续发光的点（介质层缺陷）。

➢ 不亮点：有图像显示时无法发光的点（介质层缺陷、异物或污染）。

➢ 不稳定点：有图像显示时处于闪烁状态，无法保持稳定的点（异物或污染）。

➢ 串扰：有图像时一个点亮导致周围点亮（荧光粉混色或障壁缺陷）。

4.3.2 等离子体显示板的工作原理

1. 等离子体显示板的发光原理

等离子体显示器的工作原理与一般日光灯的原理相似，它在显示平面上安装数以万计的等离子管作为发光体（像素）。每个发光管有两个玻璃电极，内部充满氦、氖等惰性气体，其中一个玻璃电极上涂有三原色荧光粉。当两个电极间加上高电压时，引发惰性气体放电，产生等离子体。等离子产生的紫外线激发涂有荧光粉的电极而发出不同分量的由三原色混合的可见光。每个等离子体发光管就是我们所说的等离子体显示器的像素，我们看到的画面就是由这些等离子体发光管形成的"光点"汇集而成的。等离子体显示板发光原理图如图 4-26 所示。

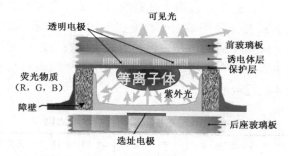

图 4-26　等离子体显示板发光原理图

PDP 的发光显示主要由以下两个基本过程组成。

① 气体放电过程：惰性气体在外加电信号的作用下产生放电，使原子受激发而跃迁，发射出真空紫外线（波长等于 147nm）的过程。

② 荧光粉发光过程：气体放电产生紫外线，激发红、绿、蓝荧光粉发射可见光，由三原色光组合，可产生丰富多彩的颜色，实现彩色显示。由于 147nm 的真空紫外光能量大、发光强度高，所以彩色 PDP 激发红、绿、蓝荧光粉发光，得到三基色，从而实现彩色显示。这种发光称为光致发光，这种荧光粉称为光致发光荧光粉。

2. 等离子体显示板的驱动

对于彩色等离子体显示板来说，实施驱动的集成电路无论在技术还是价格上都占有重要的地位。在一台性能良好的 PDP 彩色电视机中，驱动集成电路系统约占总成本的 70%～80%。

PDP 采用存储式驱动方式，大体由写入、发光维持和擦除三个部分组成。驱动电路的作用是给 PDP 施加定时的、周期的脉冲电压和电流。随着驱动电路极性的变化，电极表面介电层上周期性地蓄积、释放电荷。PDP 的彩色显示是通过控制每个 R、G、B 放电单元累计放电时间的长短，从而控制该单元的亮度，并通过空间混色来实现的。

单色交流 PDP 驱动电路原理图如图 4-27 所示。它由驱动电路、显示控制电路和电源三大部分组成。其中 x、y 方向的驱动电路可采用专用集成块，在控制电路的控制下产生 PDP 所需要的维持、书写和擦除脉冲。显示控制电路以单片微处理器为核心，在系统软件的协调下，提供驱动控制电路所需的各种信号。电源部分提供整个系统所需的多组电压。驱动电压的幅度对显示器亮度有影响；驱动电压的频率对亮度影响很大，在一定范围内与亮度有线性关系，因为频率越高，单位时间内放光的次数越多。但频率高时 PDP 功耗增加，器件的温升明显，现在最高的维持频率一般在 60kHz 以下。

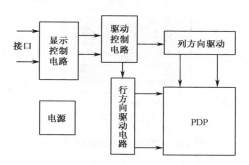

图 4-27　单色交流 PDP 驱动电路原理图

4.3.3　等离子体显示板的特性

1. 显示灰度

PDP 的灰度控制等级丰富，可以实现 256 级灰度控制。

2. 寿命

PDP 是一种气体放电型器件。工作时，气体放电所产生的大量电子和离子在电场的作用下定向撞击放电单元的表面，使单元表面受到损伤，若不采取保护措施，PDP 的寿命将很快终了了。采用氧化镁（MgO）保护膜的器件，再加上合理的器件设计，工作寿命可达到 3～5 万小时。

彩色 PDP 的寿命主要由两个方面决定。

① MgO 薄膜在正离子的不断轰击下，着火电压不断增高，同时加剧了显示各单元电特性的不一致性，直到 PDP 无法驱动。

② 荧光粉在遭受正离子的轰击、紫外线的照射和在少量轰击蒸发物的污染下劣化，使发光亮度下降。至发光亮度降到初始值的一半时，就认为寿命终了了。这就是器件的半亮度寿命。

目前，荧光粉的半亮度寿命是决定 PDP 寿命的主要因素。

3．PDP 的优缺点

如图 4-28 所示，等离子显示技术与传统的显像管和 LCD 显示屏相比，有很多优势，主要表现在以下几个方面。

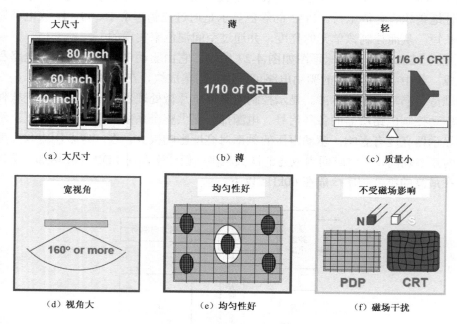

图 4-28　等离子体显示板的优点

① 与传统的显像管相比，PDP 显示器的体积更小、质量更小，而且无 X 射线辐射。另外，由于 PDP 各个发光单元的结构完全相同，不会出现显像管常见的图像几何畸变。PDP 屏幕亮度均匀，不像显像管的亮度——屏幕中心比四周亮度高，而且 PDP 不受磁场影响，具有更好的环境适应能力。同时，其高亮度、大视角、全彩色和高对比度，意味着 PDP 图像更加清晰，色彩更加鲜艳，显示效果更加理想，传统电视只能望其项背。

② 与 LCD 显示屏相比，PDP 具有亮度高、色彩还原性好、灰度丰富、响应速度快等优点。由于屏幕亮度高达 150lx，因此可以在明亮的环境之下欣赏大画面的视讯节目。另外，PDP 的视角高达 160°以上，而液晶显示屏在 160°的视角观看画面色彩明显衰减，饱和度下降。

③ 由于 PDP 显示器使用大规模集成电路进行驱动，因此机内零部件较少，结构更简单，更加适合现代化的大批量生产，同时也能大幅度地减少机器体积和质量。

当然，等离子体显示屏也存在一定的缺点。比如，由于 PDP 是平面设计，且显示屏上的玻璃极薄，所以不能承受太大或太小的大气压力，更不能承受意外的重压；PDP 的几十万个像素都是独立发光，相比于传统显像管使用一支电子枪而言，耗电量大幅增加，一般等离子显示器的耗电量要高于 300W；另外，等离子电视在长年使用过程中会出现亮度衰减，其画质随时间降低。

4.3.4 等离子体显示板的应用

1．等离子电视

彩色 PDP 的主要应用领域是大屏幕电视市场，在 40～80 英寸的应用范围内具有明显的技术优势。近年来，彩色 PDP 的关键技术纷纷取得重大的突破，产品性能日渐提高并已达到实用化水平，进入快速产业化生产阶段。随着数字电视（DTV）和高清晰度电视（HDTV）时代的来临，彩色 PDP 技术迎来了一个崭新的发展机遇。目前生产等离子电视的厂家主要为日本企业，如松下、日立等。如表 4-2 所示为等离子电视分辨率及代表厂商。

目前等离子电视面板的寿命（白亮度减半所需时间）已经达到了 6 万小时，按照每天使用 8 小时、每年 365 天计算，至少可以使用 20 年。

表 4-2　等离子电视分辨率及代表厂商

分 辨 率	比 例	简 称	生 产 厂 家
640×480	4：3	SD/VGA	LG 40"
852×480	16：9	SD/WVGA	LG 37"，42"；SAMSUNG 37"，42"；NEC 35"，42"，50"
852×1024（ALIS）	16：9	SVGA	FHP 32"
1024×768	16：9	HD	NEC 42"
1024×1 024	16：9		FHP 37"，42"
1280×720	16：9	HD/XGA	LG 60"；SAMSUNG 50"
1366×768	16：9	WXGA	Panasonic 50"；NEC 50"，61"；SAMSUNG 63"

2．军用装备

彩色 PDP 由于以惰性气体为工作媒质，可以在–55～+70℃的宽温范围内稳定工作，因此在武器装备系统中首先获得广泛应用。现代化舰艇的驾驶系统、发动机参数显示系统和火炮控制系统都使用彩色 PDP 显示。在综合电子战系统中，彩色 PDP 可广泛用作对环境有严格要求的野战和战术计算机终端显示，指挥部可用作大屏幕战场实时显示。另外，彩色 PDP 一改 CRT 笨重的缺点，使部队及武器装备的机动性增强，可靠性得到保证。

3．其他应用

由于 PDP 具有薄型、大画面、自发光、色彩丰富、大视角等优势，因此在计算机显示器、壁挂式显示、室外大型广告牌等方面也有着广泛的应用。PDP 还主要用于办公自动化设备方面，如销售终端、银行出纳终端等，占市场份额较大的个人计算机及工作站也是 PDP 发展的一个方向。另外，在液晶显示尚未能加大屏幕尺寸及另外一些新替代技术未完全成熟之时，PDP 还有多种应用，如公共信息标牌、会议室演示系统、证券交易所金融行情显示终端、医疗诊断及公共娱乐场所游戏机等。

应用提示

等离子电视常见安装方式

（1）壁挂：一种常见的安装方式，多用于小型会议室、楼梯间、超市等地方，方便、简洁、节省空间，也多用于居室内，如图 4-29（a）所示。

（2）桌面摆放：大多数室内采用的安装方式，简洁、明快。很适合那些喜欢不时变动家具位置的用户，可以随家具摆放到任何希望的位置，如图 4-29（b）所示。

（a）壁挂

（b）桌面摆放

（c）移动支架

（d）垂直吊装

图 4-29　等离子电视常见安装方式

（3）落地移动（固定）支架：常在小型会议室、演示室、教室看到这种安装方式，便携的移动支架非常便于移动和更换场地，如图 4-29（c）所示。

（4）垂直吊装：也是一种较常见的安装方式，多用于展示厅、超市、食堂等行人较多的地方，该方式可视性好，且不影响人员走动，如图 4-29（d）所示。

（5）拼接安装：在大型的展览会、演播室、交通指挥大厅、多功能厅，往往会遇到多块屏幕拼接的安装方式，为了保证安装平整、对齐，需要专门设计安装支架，如图 4-30 所示。

（a）普通有边框等离子的拼接安装

（b）等离子无缝拼接安装

图 4-30　等离子的拼接安装

思考与练习4-3

（1）彩色等离子体显示板从结构上可分为_____、_____和_____三种。

（2）PDP 的发光显示主要由_____和_____两个基本过程组成。

（3）简述 PDP 障壁的制作工艺要求。

（4）简述等离子电视的优点。

4.4 电子书阅读器

4.4.1 电子书的发展和前景

随着互联网的兴起，电子书和电子书阅读器早在 20 世纪 90 年代就已经出现。在国内，博朗和津科电子在 2001 年已经推出了相关的电子书阅读器产品，但是销售范围一直不大，主要用于企业客户。由于缺少强大的图书资源支持和网络的支持，国内电子书阅读器发展受到限制。相比而言，中国电子书行业在内容建设上仍处于起步阶段，中国企业也意识到了内容建设的重要性。

2007 年亚马逊推出电子书阅读器 kindle，掀起了全球电子书阅读热潮。亚马逊的成功不仅在于终端服务，更在于内容服务，利用其丰富的电子书资源，使电子书产业有了新的商业模式。亚马逊获得成功的真正原因还在于强大的内容服务——用户无须个人计算机，即可通过免费的无线接入购买亚马逊上的正版电子书。

我国杭州最新研发上市的一款"数源墨客"超薄电子书，攻克了众多技术难关，不仅薄，而且采用国际先进的 E-ink 电子墨水技术显示屏，文字显示可呈现类似宣纸上泼墨挥毫的效果。图 4-31 是三款电子书阅读器。

今后电子书产业的市场空间会被逐渐放大，会出现终端阅读器、出版机构、网络服务商等多方合作共赢的局面。

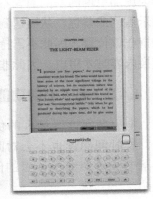

图 4-31 三款电子书阅读器

电子书阅读器的商业前景很好，购买力是很大的，购买电子书阅读器的客户主要是儿童、少年、中青年。例如：

① 经常购买畅销书的人。这些人基本属于进步青年，往往具有很强的消费能力。

② 经常上网看小说的人。这些人基本属于娱乐青年，在书上的消费能力不强，但有大量的时间，通过上网看小说打发无聊的时间。

③ 中小学生。他们面临的最大问题就是沉重的书包、无边的作业和无数的课外班，家长为了减轻孩子的负担，会购买电子书阅读器。

4.4.2 电子书的终端阅读器产品

电子书阅读器的显示技术包括四个部分：一是屏的技术；二是线路板技术；三是软件技术；四是外壳工艺技术。其中真正核心的技术是屏的技术。

电子纸作为显示屏，现在的电子纸采用 E-ink 电子墨水技术显示屏。E-ink 电子墨水技术显示屏是一种新型的显示器，最大特点在于能自由弯曲，与纸十分相似，其色彩对比高、分辨率高、耗电量小、制造成本低。电子纸的发展是为了仿效墨水在真实纸张上的显现，不同于一般的平板显示器，需要使用到背光灯照亮像素。电子纸如同普通纸一样可以反射环境光，而且电子纸可以不在加电的情况下保留原先显示的图片和文字状态。

1. 电子纸的组成

电子纸由两片基板组成，上面涂有一种由无数微小透明颗粒组成的电子墨水，颗粒由带正、负电的许多黑色与白色粒子密封于内部液态微胶囊内形成，两个基板有透明的电极。如图 4-32 所示为电子纸的结构。

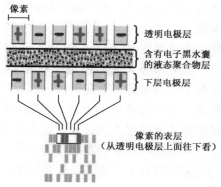

图 4-32　电子纸的结构

2. 电子纸显示图像的原理

电子纸作为显示屏，可有多种技术（如 LCD 等），一般使用所谓的"电泳"技术，即在微小胶囊中灌注极小的带电颗粒，不同颜色的带电粒子会因施加电场的不同而朝不同的方向运动，如加电后白色颗粒浮游到表面，显示白色，否则显示黑色或蓝色，从而达到显示图文的目的。白色颗粒到位置后，即使撤掉电压，它们也会保持在该位置，因此不需持续加电，只有画面像素颜色变化时（如从黑转到白）才耗电，即变换内容时才用电，因此非常省电，功耗是同尺寸大小 TFT 液晶的 1/1000。

4.4.3 电子书的功能特点

电子书阅读器最大的优势在于它的屏幕显示技术。由于采用了一种电子墨水显示技术，长时间阅读也不会对眼睛产生伤害，而且用电量很低，一次充电可持续待机 15 天。电子书阅读器给予读者的阅读体验可以媲美传统的纸质书本，这是计算机和手机无法做到的。

电子书的功能特点如表 4-3 所示。

表 4-3　电子书的功能特点

功能特点名称	说　明
一书多用 超大容量	一本电子书阅读器可以装载很多本电子版的图书。大多数产品可以扩充 SD 卡/CF 卡等大容量存储，可以作为一个小型的移动图书馆。1GB 存储卡可存储 5 亿字，相当于近千套《三国演义》
省电环保 超低功耗	电子书阅读器用电极省，不使用传统纸张，由于使用了先进的显示技术，可以帮助人们少买纸质书，减少砍伐树木，从而保护了环境。独特的智能电源管理技术，可连续翻页 7 000 次以上
保护视力	新型电子书阅读器的显示原理与目前的计算机和手机不同，不是主动发光，而是与传统纸张一样靠反射自然光或灯光，因此无辐射，不刺眼，对视力无损伤
强光可看	基于电子墨水技术的电子纸显示屏，在阳光照射下不反光，使用户充分体验户外阅读的乐趣
无辐射	使用安全，避免一般电子类产品辐射对身体的侵害，是健康的阅读伴侣
全视角阅读	高清晰度，接近纸张的显示效果，阅读视角可接近 180°
轻巧便携	玲珑机身，可随时放置在上衣口袋中，随时随地方便阅读

思考与练习 4-4

（1）电子书阅读器从显示技术来看由＿＿＿＿＿＿、＿＿＿＿＿＿、＿＿＿＿＿＿和＿＿＿＿＿＿＿四部分技术组成。

（2）简述电子纸显示图文的工作原理。

（3）简述电子书的功能特点。

4.5　其他光电转换器件介绍

图像传感器和触摸屏在照相机、手机、计算机上都应用很广，下面就来介绍这两种光电转换器件。

4.5.1　CCD/CMOS 图像传感器

1. 图像传感器的发展情况

20 世纪 70 年代，CCD 图像传感器和 CMOS 图像传感器同时起步。CCD 图像传感器由于灵敏度高、噪声低，逐步成为图像传感器的主流。但由于工艺上的原因，敏感元件和信号处理电路不能集成在同一芯片上，造成由 CCD 图像传感器组装的摄像机体积大、功耗大。CMOS 图像传感器以其体积小、功耗低在图像传感器市场上独树一帜。但最初市场上的 CMOS 图像传感器一直没有摆脱光照灵敏度低和图像分辨率低的缺点，图像质量无法与 CCD 图像传感器相比。通过图像传感器芯片设计的改进，以及亚微米和深亚微米级设计，增加了像素和内部的新功能，将 CMOS 图像传感器的光照灵敏度提高了 5～10 倍，噪声进一步降低，新一代图像系统 CMOS 图像传感器的应用开发研制得到了极大的发展。并且随着经济规模的形成，其生产成本也得到降低。现在 CMOS 图像传感器的画面质量已能与 CCD 图像传感器相媲美，同时又能保持体积小、质量小、功耗低、集成度高、价位低等优点。CCD 图像传感器与 CMOS 图像传感器的比较如表 4-4 所示。

表 4-4　CCD 图像传感器与 CMOS 图像传感器的比较

项目 类型	性能								组成
	灵敏度	噪声	体积	功耗	分辨率	集成度	价位	功能	
CCD 图像传感器	高	低	大	高	高	低	高	全	分三层：微型镜头、分色滤色片、感光层（敏感元件和信号处理电路不能集成在同一芯片上）
芯片设计改进后（亚微米和深亚微米级设计）的 CMOS 图像传感器	高	低	更小	低	高	更高	更低	全	图像传感器核心（与 CCD 相似）、时序逻辑（逻辑寄存器、存储器、定时脉冲发生器）和转换器、单一时钟及芯片内的可编程功能（敏感元件和信号处理电路集成在同一芯片上）

2. CCD/CMOS 图像传感器的结构

CCD 的外形如图 4-33 所示。CCD 的结构为三层：第一层是微型镜头；第二层是分色滤色片；第三层是感光层，如图 4-34 所示。

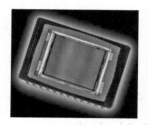

图 4-33　CCD 的外形

微型镜头
分色滤色片
感光层

图 4-34　CCD 的结构图

（1）第一层"微型镜头"——聚光镜片

我们知道，数码相机成像的关键在于其感光层，为了扩展 CCD 的采光率，必须扩展单一像素的受光面积。但是提高采光率的方法容易使画质下降。这一层"微型镜头"就等于在感光层前面加上一副眼镜。因此感光面积不再由传感器的开口面积来决定，而改由微型镜片的表面积来决定。

（2）第二层"分色滤色片"

目前有两种分色方式：一种是 RGB 原色分色法；另一种是 CMYK 补色分色法，这两种方法各有优缺点。首先，先了解一下两种分色法的概念，RGB 即三原色，几乎所有人类眼睛可以识别的颜色，都可以通过红、绿和蓝来组成，而 RGB 分别就是 Red、Green 和 Blue，说明 RGB 分色法是通过这三个通道的颜色调节而成的。再说 CMYK，这是由四个通道的颜色配合而成的，分别是青（C）、洋红（M）、黄（Y）、黑（K）。在印刷业中，CMYK 更为适用，但其调节出来的颜色不及 RGB 的多。

原色 CCD 的优势在于画质锐利，色彩真实，缺点则是噪声问题。

（3）第三层"感光层"——垫于最底下的电子线路矩阵

CCD 的第三层是"感光层"，该层主要负责将穿过滤色层的光源转换成电子信号，并将信号传送到影像处理芯片，将影像还原。

3. CCD/CMOS 图像传感器的尺寸

CCD 的尺寸其实是指感光器件的面积大小，这里包括 CCD 和 CMOS。感光器件的面积越大，也即 CCD/CMOS 面积越大，捕获的光子越多，感光性能越好，信噪比越低。CCD/CMOS 是数码相机用来感光成像的部件，相当于光学传统相机中的胶卷。传统的照相机胶卷尺寸为 35mm，35mm 是胶卷的宽度（包括齿孔部分）。35mm 胶卷的感光面积为 36mm×24mm，换算到数码相机，对角长度约接近 35mm。现在 CMOS 尺寸已有的为 36mm×24mm，达到了 35mm 的面积。目前市面上的消费级数码相机主要有 2/3 英寸、1/1.8 英寸、1/2.7 英寸、1/3.2 英寸四种。CCD/CMOS 尺寸越大，感光面积越大，成像效果越好。1/1.8 英寸的 300 万像素相机效果通常好于 1/2.7 英寸的 400 万像素相机（后者的感光面积只有前者的 55%）。而相同尺寸的 CCD/CMOS 像素增加固然是好事，但这也会导致单个像素的感光面积缩小，有曝光不足的可能。如果在增加 CCD/CMOS 像素的同时想维持现有的图像质量，就必须在至少维持单个像素面积不减小的基础上增大 CCD/CMOS 的总面积。目前更大尺寸 CCD/CMOS 的加工制造比较困难，成本也非常高。因此，CCD/CMOS 尺寸较大的数码相机，价格也较高。感光器件的大小直接影响数码相机的体积和重量。超薄、超轻的数码相机一般 CCD/CMOS 尺寸也小，而越专业的数码相机，CCD/CMOS 尺寸也越大，如图 4-35 所示为 CCD/CMOS 尺寸的标示。

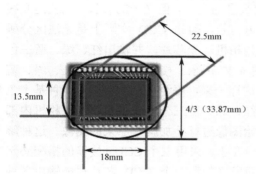

图 4-35　CCD/COMS 尺寸的标示

4. CCD/CMOS 图像传感器的工作原理

CMOS 图像传感器是一个图像系统，原理相对复杂，但其核心部分是将离散信号电平多路传输到一个单一的输出，这与 CCD 图像传感器很相似，下面重点介绍 CCD 图像传感器的工作原理。

电荷耦合器件图像传感器 CCD（Charge Coupled Device），该传感器使用一种高感光度的半导体材料制成，能把光线转变成电荷，通过模数转换器芯片转换成数字信号，数字信号经过压缩以后由相机内部的闪速存储器或内置硬盘卡保存，因而可以轻而易举地把数据传输给计算机，并借助于计算机的处理手段，根据需要和想象来修改图像。CCD 由许多感光单位组成，通常以百万像素为单位。当 CCD 表面受到光线照射时，每个感光单位会将电荷反映在组件上，所有感光单位产生的信号加在一起，就构成了一幅完整的画面。

（1）CCD 黑白数字相机的工作原理

CCD 芯片上面整齐地排列着很多小的感光单元，光线中的光子撞击每个单元后，在这些单元中会产生电子（光电效应），而且光子的数目与电子的数目互成比例。但在这一过程中，光子的波长并没有被转换为任何形式的电信号，换言之，CCD 裸芯片实际上没有把色彩信息转换为任何形式的电信号，如图 4-36 所示，物体在有光线照射时会产生反射，这些反射光线进入镜头光圈照射在 CCD 芯片上，在各个单元中生成电子。曝光结束后，这些电子被从 CCD 芯片中读出，并由相机内部的微处理器进行初步处理。此时由该微处理器输出的就是一幅数字图像。

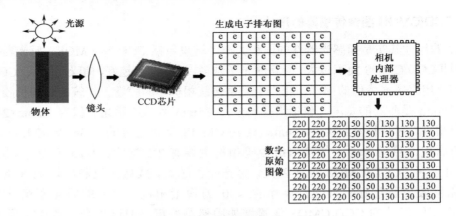

图 4-36　CCD 黑白数字相机的工作原理

（2）三 CCD 彩色相机的工作原理

CCD 芯片按比例将一定数量的光子转换为一定数量的电子，但光子的波长，也就是光线的颜色，却没有在这一过程中被转换为任何形式的电信号，因此 CCD 实际上是无法区分颜色的。在这种情况下，如果我们希望使用 CCD 作为相机感光芯片，并输出红、绿、蓝三色分量，就可以采用一个分光棱镜和三个 CCD，如图 4-37 所示。棱镜将光线中的红、绿、蓝三个基本色分开，使其分别投射在三个 CCD 上。这样一来，每个 CCD 就只对一种基本色分量感光，分别生成红、绿、蓝三个电子排布图，红、绿、蓝三个电子排布图通过相机内部处理器，分别得到三个数字原始图像，三个数字原始图像进行叠加就是原来的图像。这种解决方案在实际应用中的效果非常好，但它的最大缺点在于，采用三个 CCD +棱镜的搭配必然导致价格高昂。因此，科研人员在很多年前就开始研发只使用一个 CCD 芯片也能输出各种彩色分量的相机。

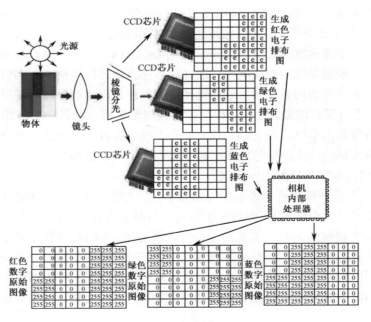

图 4-37　三 CCD 彩色相机的工作原理

（3）单 CCD 彩色相机

① 单 CCD 彩色相机的成像原理：如果在 CCD 表面覆盖一个只含红、绿、蓝三色的马赛克滤镜，再加上对其输出信号的处理算法，就可以实现一个 CCD 输出彩色图像数字信号。由于这个设计理念最初由拜尔（Bayer）提出，所以这种滤镜也被称为拜尔滤光镜。该滤镜的色彩搭配形式为：一行使用蓝、绿元素，下一行使用红、绿元素，如此交替。换言之，CCD 中每四个像素中有两个对绿色分量感光，另外两个像素中，一个对蓝色感光、一个对红色感光，从而使得每个像素只含有红、绿、蓝三色中一种的信息。但我们希望的是每个像素都含有这三种颜色的信息，这就要对这些像素的值使用"色彩空间插值法"进行处理。单 CCD + 色彩插值处理后的结果与三 CCD 的成像结果进行比较，我们发现所得图片完全一致。色彩插值处理这里不详细讲解。单 CCD 彩色相机的工作原理如图 4-38 所示。

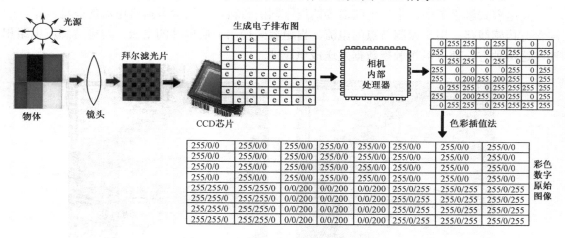

图 4-38　单 CCD 彩色相机的工作原理

② 单 CCD 彩色相机的优缺点：在实际应用中，即使最成熟的色彩插值算法也会在图片中产生低通效应。所以，单 CCD 彩色相机生成的图片比三 CCD 彩色相机生成的图片更加模糊，这一点在图像中有超薄或纤维形物体的情况下尤为明显。但是，单 CCD 彩色相机使得 CCD 数字相机的价格大大降低，而且随着电子技术的发展，今天 CCD 的质量都有了惊人的进步，因此大部分彩色数码相机都采用了这种技术。

5. CCD 的类型

与传统底片相比，CCD 更接近于人眼对视觉的工作方式。只不过人眼的视网膜是由负责光强度感应的杆细胞和色彩感应的锥细胞分工合作，组成视觉感应。CCD 经过长达 35 年的发展，大致的形状和运作方式都已经定型。CCD 主要由一个类似马赛克的网格、聚光镜片及垫于最底下的电子线路矩阵所组成。目前主要有两种类型的 CCD 光敏元件，分别是线性 CCD 和矩阵性 CCD。线性 CCD 用于高分辨率的静态照相机，它每次只拍摄图像的一条线，这与平板扫描仪扫描照片的方法相同。这种 CCD 精度高、速度慢，无法用来拍摄移动的物体，也无法使用闪光灯。

6. CCD/CMOS 图像传感器的应用

① CCD 图像传感器的应用：很广泛，如数码照相机、摄像机、安防监控、摄像测距等。

123

② CMOS 图像传感器的应用：这种多功能的集成化使得许多以前无法应用图像技术的地方现在也变得可行，如儿童玩具，更加分散的安保摄像机、嵌入在显示器和笔记本电脑屏幕上方的摄像机、带相机的移动电路，指纹识别系统，甚至医学图像上所使用的用于肠胃镜检查和内窥镜手术等的一次性照相机等。

4.5.2 触摸屏

常见的触摸屏有两类，分别为电阻式触摸屏和电容式触摸屏，下面分别进行介绍。

1. 触摸屏的结构

① 电容式触摸屏的结构：如图 4-39 所示。

互电容式触摸屏中，电容电路需要两层不同的材料，一层含有携带电流的驱动线路，一层含有传感线路，用于探测节点的电流。自电容式使用一层单独的电极，与电容感应电路相连。这两种方法都可以将触摸数据发送成电脉冲。

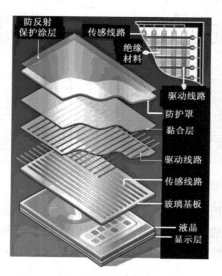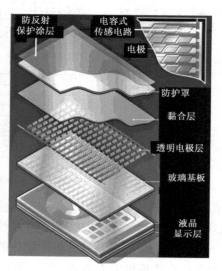

（a）互电容式触摸屏　　　　　（b）自电容式触摸屏

图 4-39　电容式触摸屏的结构

② 电阻式触摸屏的结构：如图 4-40 所示。

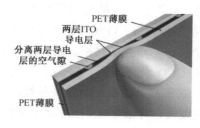

图 4-40　电阻式触摸屏的结构

2. 电容式触摸屏与传统电阻式触摸屏的区别

电容式触摸屏与传统的电阻式触摸屏有很大区别。电阻式触控屏幕在工作时每次只能判断一个触控点，如果触控点在两个以上，就不能做出正确的判断，所以电阻式触摸屏仅适用于单击、拖曳等一些简单动作的判断。而电容式触摸屏可多点触控，可以将用户的触摸分解为采集多点信号及判断信号意义两个工作，完成对复杂动作的判断。电容式触摸屏也有以下几个缺点：精度不高，易受环境影响，成本偏高。

124

3. 触摸屏的原理

触摸屏触控感测的过程如图 4-41 所示，分 6 步完成。

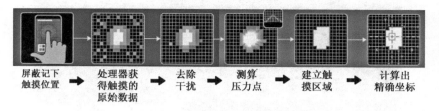

图 4-41　触摸屏触控感测的过程

（1）电阻式触摸屏

很多 LCD 模块都采用了电阻式触摸屏，这些触摸屏等效于将物理位置转换为代表 *X*、*Y* 坐标的电压值的传感器。通常由 4 线、5 线、7 线和 8 线触摸屏来实现，利用压力感应进行控制的电阻式触摸屏的构成是显示屏及一块与显示屏紧密贴合的电阻薄膜屏。这个电阻薄膜屏通常分为两层，一层是由玻璃或有机玻璃构成的基层，其表面涂有透明的导电层；基层外面压着我们平时直接接触的经过硬化及防刮处理的塑料层，塑料层内部同样有一层导电层，两个导电层之间是分离的。当我们用手指或其他物体触摸屏幕时，两个导电层发生接触，电阻产生变化，控制器则根据电阻的具体变化来判断接触点的坐标，并进行相应的操作。

（2）电容式触摸屏

电容式触摸屏通过人体的感应电流来工作。普通电容式触摸屏的感应屏是一块四层复合玻璃屏，玻璃屏的内表面和夹层各涂有一层导电层，最外层是一薄层矽土玻璃保护层。当我们用手指触摸在感应屏上时，人体的电场让手指和触摸屏表面形成一个耦合电容，对于高频电流来说，电容是直接导体，于是手指从接触点吸走一个很小的电流。这个电流分别从触摸屏四角的电极中流出，并且流经这四个电极的电流与手指到四角的距离成正比，控制器通过对这四个电流比例的精确计算，得出触摸点的位置。该电容触摸屏包含一个由传感线路和驱动线路组成的坐标系，以确定用户触摸了什么地方，如图 4-42 所示为电容式触摸屏的工作原理。

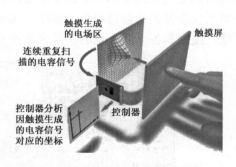

图 4-42　电容式触摸屏的工作原理

4. 触摸屏的应用实例

触摸屏的应用很广泛，现在很多 LCD 都带有触摸屏，如触摸屏在手机中的应用。手机的触摸屏多用电容式触摸屏，电容材料会将原始触摸位置数据传送给手机的处理器，处理器使用手机中的软件将原始位置转化为命令，如图 4-43 所示为手机将触摸原始位置转化为命令的过程。

125

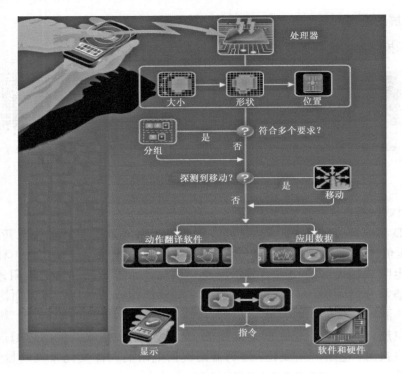

图 4-43　手机将触摸原始位置转化为命令的过程

在血液病房中，对温度、湿度及光照的要求相当高，为了提高自动化程度，有的医院血液病房的空调系统中加入了温湿度监控系统，如图 4-44 所示，采用触摸屏 PC 做上位机，用一系列仪表做采集数据和控制输出。实现了对空调机组、冷水机组、辅助房间及各个病房的温度、湿度和各个开关量的实时采集和显示。

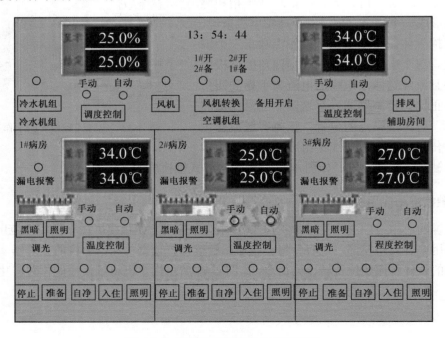

图 4-44　触摸屏温湿度监控系统面板

 思考与练习4-5

（1）CCD 图像传感器由＿＿＿＿＿＿＿、＿＿＿＿＿＿＿和＿＿＿＿＿＿＿三层组成。触摸屏由＿＿＿＿＿＿＿、＿＿＿＿＿＿＿、＿＿＿＿＿＿＿、＿＿＿＿＿＿＿、＿＿＿＿＿＿＿和＿＿＿＿＿＿＿六层组成。

（2）触摸屏有＿＿＿＿＿＿＿和＿＿＿＿＿＿＿两种类型。

（3）简述 CCD 和 CMOS 的优缺点。

（4）简述黑白 CCD 的工作原理。

（5）用流程图表述彩色 CCD 的工作原理。

项目小结

光电转换现象包括光电效应和电光效应。光照射到某些物质上，引起物质的电性质发生变化，也就是光能转换成电能。这类光致电变的现象统称为光电效应。光电效应分为光电子发射、光电导效应和光生伏特效应。

某些各向同性的透明物质在电场作用下显示出光学各向异性，物质的折射率因外加电场而发生变化的现象称为电光效应。电光转换即电光效应包括电转换成光、电调制光等现象，如激光、液晶和发光二极管。

液晶是一种特殊的物质，它处于液态和固态之间。液晶的分子在电场的作用下会改变其排列方式，利用液晶的这种特性辅以特殊电子工艺技术，可以制造出不同种类的液晶显示器。目前最为常用的液晶显示器有 TN 型液晶显示器和 TFT 型液晶显示器。

等离子体显示板（Plasma Display Panel，PDP）是继阴极射线管（CRT）和液晶屏（LCD）之后的一种新颖直视式图像显示器件。

彩色等离子体显示板从结构上可分为交流 PDP、直流 PDP 和交直流混合型 PDP 三种。PDP 的发光显示主要由两个基本过程组成：气体放电过程；荧光粉发光过程。

等离子体显示板具有体积小、质量小、无 X 射线辐射、亮度均匀、不受磁场影响、亮度高、色彩还原性好、灰度丰富、响应速度快等优点。PDP 技术主要应用于大屏幕电视市场，另外，在军用装备、计算机显示器、壁挂式显示屏、室外大型广告牌也有着广泛的应用。

图像传感器有 CCD 和 CMOS 两种，CCD 的结构为三层：第一层是微型镜头；第二层是分色滤色片；第三层是感光层。

CCD 黑白数字相机的工作原理：CCD 芯片上面整齐地排列着很多小的感光单元，光线中的光子撞击每个单元后，在这些单元中会产生电子（光电效应），而且光子的数目与电子的数目互成比例，即产生电子图像，电子图像由内部处理器转化成数字图像。

彩色摄像头有三 CCD 和单 CCD 两种，单 CCD 成本低，体积小，应用更广泛。在 CCD 表面覆盖一个只含红、绿、蓝三色的马赛克滤镜，再加上对其输出信号的处理算法，就可以实现一个 CCD 输出彩色图像数字信号。

触摸屏在 LCD 中的应用很广，通常有电容式触摸屏和电阻式触摸屏。

自我评价

项　　目	目 标 内 容	存 在 问 题	掌 握 情 况	收 获 大 小
知识目标	掌握光电转换现象及其原理			
	理解 CCD、触摸屏、液晶显示、等离子显示的工作原理			
	了解 CCD、触摸屏、液晶显示、等离子显示的应用			
技能目标	能实际制作小液晶显示器的相关电路			
	会看液晶显示电路图			

128

第 5 章

光纤通信技术

光纤通信技术从光通信中脱颖而出，已成为现代通信的主要支柱之一，在现代电信网中起着举足轻重的作用。光纤通信作为一门新兴技术，其近年来发展速度之快、应用面之广是通信史上罕见的，同时光纤通信也是世界新技术革命的重要标志和未来信息社会中各种信息的主要传送工具。

5.1 概　述

通信的发展过程是以不断提高载波频率来扩大通信容量的过程，光频作为载频已达通信载波的上限。因为光是一种频率极高的电磁波，因此用光作为载波进行通信容量极大，是过去通信方式的千百倍，具有极大的吸引力。光通信是人们早就追求的目标，也是通信发展的必然方向。光纤通信与以往的电气通信相比，主要区别在于有很多优点：传输频带宽，通信容量大；传输损耗低，中继距离长；线径细、质量小，原料为石英，节省金属材料，有利于资源合理使用；绝缘、抗电磁干扰性能强；抗腐蚀能力强、抗辐射能力强，可绕性好、无电火花、泄漏小、保密性强。光纤通信技术的应用十分广泛，如普遍使用的光纤上网，还有特殊环境或军事上也大量使用光纤通信技术。

1. 光纤通信的历史与现状

（1）光纤通信的基本概念

光纤，即光导纤维的简称。通信，就是将信息从一个地点转移到另一个地点，从而满足人们之间交换信息的需求。通信主要有电通信和光通信两种方式。所谓电通信，指的是用电波作为要传送信息的载体。通常的电通信方式又分为有线和无线两种方式。通过电波来传送信息在我们的日常生活中最为常见，如大家使用的手机，就是利用无线电波进行通信的例子。而光通信，是指利用光波作为载体来传送信息的方式。光通信也分为利用大气传播光波信息的无线光通信和利用光纤进行的有线光通信。目前，由于光波在大气中的损耗很大，我们所说的光通信通常都是指利用光纤进行的光通信。

光纤通信是指，以光波作为信息载体，以光纤作为传输媒介的一种通信方式。

（2）光纤通信的历史

① 光通信的发展过程：光通信从烽火台到光纤通信是很漫长的过程，其过程如图 5-1 所示。

② 光通信的主要元素：第一，要有一个光源（如烽火台）；第二，要有一个接收光信息的光接收机（如瞭望者的眼睛）；第三，要有光传输的信道（如大气）；第四，要将待传送的

信息加载在光波上（光调制）。在烽火台的光通信中，被调制的光信息只有两种：有火光或者没有火光。

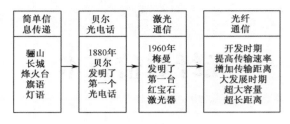

图 5-1　光通信的发展过程

光通信的发展过程

人类在很久以前就学会了利用光来进行一些简单信息的传递，如几千年前我国周朝的骊山烽火台、秦朝的长城烽火台等（如图 5-2 所示），都是利用火光来传递敌人是否入侵的信息。再比如现在仍然在使用的旗语、灯语等，都是光通信的例子。

图 5-2　烽火台

上述几个例子由于能够传递的信息量十分有限，所以和现代的光通信有着巨大的区别。现代光通信的开端应该是在 1880 年，贝尔发明了第一个光电话（如图 5-3 所示）。该电话将光源（弧光灯）的光线通过透镜投射在话筒上，当人讲话时，随着话筒的振动，弧光灯投射光线的强度会随着人声音信号的强弱而变化（对光线进行调制）。经过调制的光线通过大气进行传播后，被抛物镜进行聚焦并投射在硅电池上。该硅电池相当于光检测器，硅电池可以将光线转换为电信号。这样，经过硅电池的转换，含有声音信息的光信号就转换成了电信号，而且电信号的强弱、变化的规律都能反映原来声音信号的变化规律，再将该电信号送入受话器里就能还原出原来的声音信号。然而，与烽火台通信方式一样，光信息是在大气中进行传输，由于光在大气中的损耗很大，而且极易受到大气气候的影响，所以贝尔光电话的使用受到了很大的限制。1960 年，美国人梅曼（Maiman）发明了第一台红宝石激光器，给光通信带来了新的希望。激光具有波谱宽度窄、方向性极好、亮度极高的良好特性。

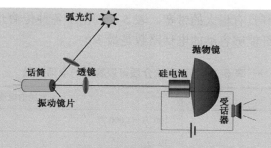

图 5-3　贝尔光电话示意图

激光器的发明和应用，使沉睡了 80 年的光通信进入一个崭新的阶段。1966 年，英籍华裔学者高锟（如图 5-4 所示）和霍克哈姆发表了关于传输介质新概念的论文，指出了利用光纤进行信息传输的可能性和技术途径，奠定了现代光通信——光纤通信的基础。当时石英纤维的损耗很大，高锟等人指出：这样大的损耗不是石英纤维本身固有的特性，而是由于材料中的杂质，如过渡金属离子的吸收产生的，因此有可能通过原材料的提纯制造出适合于长距离通信使用的低损耗光纤。在随后 20 年的时间内，随着光纤制造工艺的进步，光纤的损耗接近理论的极限值。

图 5-4　光纤之父华裔科学家高锟

光纤通信的发展可以粗略地分为三个阶段：

第一阶段（1966—1976 年），这是从基础研究到商业应用的开发时期。

第二阶段（1976—1986 年），这是以提高传输速率和增加传输距离为研究目标和大力推广应用的大发展时期。

第三阶段（1986—1996 年），这是以超大容量超长距离为目标、全面深入开展新技术研究的时期。

2. 光纤通信的特点

（1）光纤通信的优点

光纤通信具有容量大、损耗低、中继距离长、抗干扰能力强、保密性好等优点。

① 光纤的容量大——"超高速公路"。

通信线路就像是行车的马路，马路越宽，允许通过的车辆越多，交通运输能力也越大。

如果把通信线路比做马路，那么应该说是通信线路的频带越宽，允许传输的信息越多，通信容量就越大。与其他的传输介质相比较，光纤通信中的载波——光波具有很高的频率（大

约在 10^{14}Hz 左右），光纤具有极大的带宽。表 5-1 列出了各种传输介质可以容纳的电话路数的比较，可以看到，光纤能够容纳的电话路数是最多的。

表 5-1　各种传输介质可以容纳的电话路数

传 输 方 式	可容纳的电话路数
光纤	100 万～1 000 万
毫米波波导	30 万
同轴电缆	1 000 万～5.2 万
无线电微波	5 000 万～2.2 万

② 光纤通信传输损耗低、中继距离长——"长跑健将"。

信号在传输线上传输，由于传输线本身的原因，强度将逐渐变弱，而且随着传输距离的增加，这种衰减会越来越严重。因此，长距离传输信息必须设立中继站，把衰减的信号放大以后再传输。中继站越多，传输线路的成本越高，维护越不方便，运行越不可靠。中继站的多少取决于中继距离的长短，中继距离的长度又受传输线路损耗的限制，如图 5-5（a）所示，同样的传输距离，线路损耗大的就需要较多的中继站，而线路损耗小的需要的中继站数目就较少。目前，实用的光纤通信系统使用的光纤多为石英光纤，它比已知的其他通信线路的损耗都低得多，因此，由其组成的光纤通信系统的中继距离也较其他介质构成的系统长得多。例如，图 5-5（b）所示同轴电缆通信的中继距离只有几千米，最长的微波通信是 50 千米左右，而光纤通信系统的最长中继距离已达 300 千米。如果今后采用工作在超长波长（>2μm）的非石英光纤，光纤的理论损耗系数可以下降到 10^{-3}～10^{-5}dB/km，那时光纤通信的中继距离可达数千甚至数万千米。则在许多情况下，通信线路中就可以不设中继站。这对越洋通信的意义尤其重大，因为在海底设立中继站，不仅使线路成本大为提高，也大大增加了维修工作的难度。

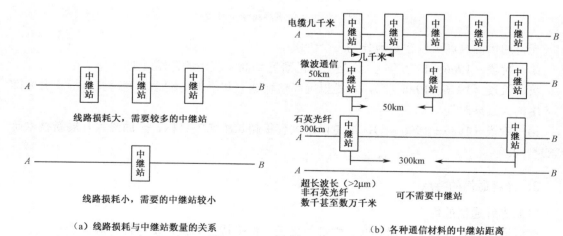

（a）线路损耗与中继站数量的关系　　　　（b）各种通信材料的中继站距离

图 5-5　中继站距离示意图

③ 传输过程中抗干扰能力强。

由于电通信的介质通常是铜导线，因此，在铜线中传输的电信号容易受到干扰的主要原因是电磁干扰。天然的电磁干扰包括雷电干扰、电离层的变化和太阳核子活动引起的干扰，人为的电磁干扰有电动机、高压电力线造成的干扰等。在这些干扰的作用下，铜导线中可能产生感应电动势，从而破坏传输的电信号。这些干扰都必须认真对待。现有的电通信系统无法令人满意地解决这个问题。光纤通信为什么具有良好的抗干扰能力？一个原因是光纤属于绝缘体，不怕雷电和高压。另一个原因是光纤中传输着频率极高的光波，各种干扰源的频率一般都比较低，干扰不了频率比它们高得多的光。电通信还有一种重要的干扰源是原子辐射。据专家们测算，如果在美国本土中心上空 463km 处爆炸一颗原子弹，1s 内即可使全美国未暴露的通信电缆，包括地面、飞机、舰艇等上面的通信电缆全部失效，通信中断，但光纤通信线路却照样畅通无阻，基本不受影响。

④ 光纤通信的保密性好。

在现代通信系统中，保密性的好坏也是一个非常重要的指标。传统的电通信系统，由于其电信号电磁辐射的特点，容易遭到窃听，从而造成重要信息的泄露。而光纤通信是保密性最强的通信方式之一。这是因为光纤通信中的光波其传输都是在光纤中进行，基本上不会跑到光纤以外，而且光信号不会产生电磁辐射，所以泄漏的光功率是非常微弱的。还有就是做成光缆后的光纤，其外部加有不透光的防潮层和护套，再加上光缆通常都是埋设在地下，所以光纤通信的保密性好。

⑤ 光纤的体积小、质量小。

通常的光纤直径只有几微米，加上了包层的光纤大概直径是 125μm，只比一根头发丝稍粗（如图 5-6 所示）。1kg 高纯度石英玻璃可以拉制成千上万千米光纤，而制造 1 000kg 的 8 管同轴电缆却需要消耗 120t 铜和 500t 铅。18 管同轴电缆每米重 11kg，100 芯铅皮对称电缆每米重 2.9kg，而同等容量的光缆每米只有 90g 重。光纤不仅体积小、质量小，而且很柔软，可以自由弯曲，铺设非常方便，可广泛应用于航天航空、汽车电子等领域。

⑥ 制造光纤的材料资源丰富，可以极大地节省有色金属等原材料。

电线要用铜、铅等有色金属材料来制作，制作光纤的原材料却是普普通通的石英砂。铜是一种很重要的战略金属，地球上的储量按目前的开采速度估计，只够使用 50 年左右。而二氧化硅，在地壳的化学成分中占了一半以上（如图 5-7 所示），真正可以说是取之不尽、用之不竭。

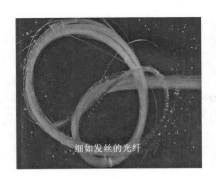

图 5-6　细如发丝的光纤

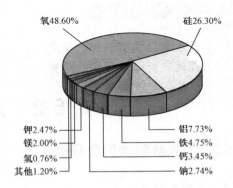

图 5-7　地壳中的化学成分

（2）光纤通信的缺点

光纤通信也并不是完美无缺的，光纤通信具有以下一些缺点。

① 抗拉强度低，容易折断。由于制造过程中光纤会产生微裂痕，当光纤受到拉伸时

很容易断裂。所以在光纤的制造过程中采取增加涂覆层、添加抗拉原件等措施提高光纤的抗拉强度。

② 光纤连接困难。由于光纤的直径很小，为了减少损耗，光纤的接口必须对准。而且由于光纤材料的熔点很高，所以在连接过程中必须使用专业的设备。

③ 光纤在通信过程中怕水、怕冰。当光纤进水后，会加大光纤对光波的吸收，从而极大地增加损耗。同时，光纤中的水分会加快金属抗拉元件的氧化腐蚀速度，从而对光纤造成破坏。例如，新疆某地区大雪导致光纤故障（2006 年 10 月报道），原因就是光纤没有防护好被冰雪包裹，并由于冰雪压力和热胀冷缩导致光纤弯曲。

3. 光纤通信的发展趋势

光纤可以传输数字信号，也可以传输模拟信号。光纤在通信网、广播电视网与计算机网，以及其他数据传输系统中都得到了广泛应用。光纤宽带干线传送网和接入网发展迅速，是当前研究开发应用的主要目标。随着光纤光缆、各种光器件和系统的品种与性能的逐步完善和更新，光纤通信呈现出了蓬勃发展的趋势。当今光纤技术的发展趋势主要有以下几个方面。

（1）朝着传输速率越来越高、容量越来越大网络化的方向发展

随着信息技术的发展，光纤通信也朝着高速化、大容量、网络化的方向发展。同时，光纤有线电视、电视点播、电视会议、家庭办公等技术产品也渐渐实用化。

（2）光器件向集成化的方向发展

正如电子器件的集成化一样，许多光学器件（半导体光源、半导体光检测器等）也可以集成地做在同一硅片上，制成光集成器件。光集成器件具有体积小、可靠性高等优点。

（3）发展新型的光纤及光缆纤芯的高密度化

随着信息爆炸性的发展，对通信系统的速率、容量等提出了越来越高的要求。在此要求下，出现了各种高速率、高带宽、低色散的新型光纤。光纤用户网的主要传输介质——用户光缆含有的光纤数目可以达到 2000～4000 芯。高密度的光缆除了可以满足高速数据传输的需要外，还可以减小光缆的直径降低其质量，并且在施工中便于分支和提高接续速度。

思考与练习 5-1

（1）简述光纤通信的优、缺点。
（2）简述光纤通信的发展趋势。

5.2 光纤和光缆

5.2.1 光纤的结构和分类

1. 光纤的结构

光波导纤维，简称光纤，是用来导光的透明介质纤维。一根光纤是由多层透明介质构成的，如图 5-8 所示，光纤一般分为三层：中心是折射率高的纤芯（芯径一般为 $50\mu m$ 或 $62.5\mu m$），中间为低折射率硅玻璃包层（直径一般为 $125\mu m$），最外层的是加强用的树脂涂覆层。其中纤芯是由高度透明的材料做成的，包层的折射率低于纤芯，从而造成一种光效应，使得光波

在纤芯和包层的分界面上发生全反射。因此在纤芯中传播的光大部分被限制在纤芯中向前传播。外部的涂覆层起到保护光纤的作用，它的材料既可以防水又可以防止机械损伤，同时还可以增加光纤的柔韧性。

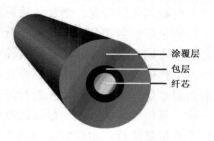

图 5-8 光纤的结构

2. 光纤的分类

光纤有很多种分类方式，既可以按照光纤的材料来分类，也可以按照光纤横截面上的折射率来分类。

（1）按光纤的材料分类

常见的光纤可以分为石英光纤和塑料光纤。石英光纤一般由掺杂石英的纤芯和掺杂石英的包层组成。石英光纤具有损耗低、传输的频带较宽和中等的机械强度等特点，有较大的应用范围。塑料光纤和石英光纤相比，虽然其传输光信号时有较大的损耗，但是塑料光纤具有纤芯的直径大（施工方便）、数值孔径大（就像人的眼睛在不转动时只能看到一定的范围一样，光纤也只能接收一定角度的光线，这个角度的范围就是光纤的数值孔径。数值孔径大的光纤在连接时允许有一定的差错，耦合容易）及塑料注入成形技术成本较低等特点。因此，塑料光纤适用于短距离的光通信场合，如室内的计算机联网、船舶飞机内的通信及入户光纤的最后一段等。

（2）按光纤截面上折射率的分布分类

按光纤截面上折射率的分布分类，可以分为阶跃型光纤和渐变型光纤两大类，如图 5-9 所示为两种光纤截面上的折射率分布图，图中 n_1 代表纤芯的折射率，n_2 代表包层的折射率。

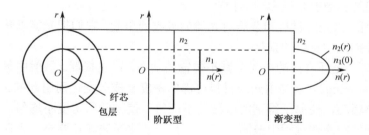

图 5-9 光纤截面上的折射率分布图

① 阶跃型光纤：纤芯折射率高于包层折射率，使得输入的光能在纤芯—包层交界面上不断产生全反射而前进，如图 5-10 所示。这种光纤纤芯的折射率是均匀的，包层的折射率稍低一些，光纤中纤芯到玻璃包层的折射率是突变的，只有一个台阶，所以称为阶跃型折射率多模光纤，简称阶跃光纤，也称突变光纤。

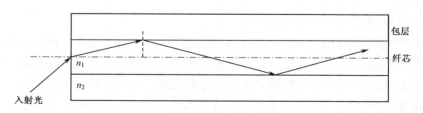

图 5-10 光在阶跃型光纤中的传播

② 渐变型光纤：纤芯到包层的折射率是逐渐变小，如图 5-11 所示为渐变型光纤。这种光纤可提高光纤带宽，增加传输距离，但成本较高。现在的多模光纤多为渐变型光纤。渐变光纤的包层折射率分布与阶跃光纤一样，为均匀的。渐变光纤的纤芯折射率中心最大，沿纤芯半径方向逐渐减小。在光的传输过程中，光的行进方向与光纤轴方向所形成的角度逐渐变小。同样的过程不断发生，直至光在某一折射率层产生全反射，使光改变方向，朝中心较高的折射率层行进。这时，光的行进方向与光纤轴方向所构成的角度，在各折射率层中每折射一次，其值就增大一次，最后达到中心折射率最大的地方。在这以后，与上述完全相同的过程不断重复进行，由此实现光波的传输。相比较而言，阶跃型光纤由于射出光波的失真比较严重，所以目前应用中较多使用的是渐变型光纤。

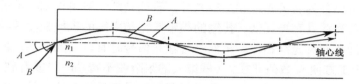

图 5-11 光在渐变型光纤中的传播

5.2.2 光纤的特性

1. 光纤的传输特性——损耗与色散

（1）光纤的损耗

光波在光纤中传输时，随着传输距离的增加，光的能量将发生衰减。引起光纤损耗的因素主要有吸收损耗、散射损耗和弯曲损耗。

① 吸收损耗：由光纤材料和杂质对光能的吸收而引起，它们把光能以热能的形式消耗于光纤中，是光纤损耗中重要的损耗。

② 散射损耗：光纤内部的散射会减小传输的功率，产生损耗。散射中最重要的是瑞利散射（Rayleigh Scattering），它是由光纤材料内部的密度和成分变化而引起的。光纤材料在加热过程中，由于热骚动，使原子得到的压缩性不均匀，使物质的密度不均匀，进而使折射率不均匀。这种不均匀在冷却过程中被固定下来，其尺寸比光波波长要小。光在传输时遇到这些比光波波长小、带有随机起伏的不均匀物质时，改变了传输方向，产生散射，引起损耗。另外，光纤中含有的氧化物浓度不均匀及掺杂不均匀也会引起散射，产生损耗。

③ 弯曲损耗：光纤是柔软的，可以弯曲，然而弯曲到一定程度后，光纤虽然可以导光，但会使光的传输途径改变，使一部分光能渗透到包层中或穿过包层向外泄漏损失掉（通俗的说法就叫漏光），从而产生损耗。当弯曲半径增大到一定程序（如 5～10cm）时，由弯曲造成的损耗可以忽略。

（2）光纤的色散

一般的色散指的是具有不同波长成分的光经过同一介质时，由于介质对不同波长的光成分具有不同的折射率，从而导致光散开的现象。例如，一束白光经过一块玻璃三棱镜时，会形成五颜六色的光带。光在光纤传播中也存在色散问题。光纤中传输的光信号具有一定的频谱宽度，也就是说光信号具有许多不同的频率成分。在光纤中传输的光信号其不同频率成分分量以不同的速度传播，到达一定距离后必然产生在时间上不同的延迟（即不同频率成分之间的时延差），从而产生信号失真，这种现象称为光纤的色散。在光纤数字信号传输系统中，色散会造成数字脉冲信号的展宽，如图 5-12 所示。严重时前后脉冲信号将互相重叠，造成误码。

入射光脉冲　　　　　　　　光纤　　　　　　　　出射光脉冲

图 5-12　脉冲的展宽

2. 光纤的机械特性与温度特性

（1）光纤的机械特性

光纤的机械特性主要是指光纤的抗拉性能。通信光纤通常是由石英制成的外径大约为 125μm 的玻璃细丝。玻璃是一种硬度很高但延展性很差的易碎物质，理论上来讲，外径为 125μm 的光纤能够承受的拉力可以达到 30kg，但是由于实际的光纤表面或者内部存在细小的裂痕和气泡，导致光纤抗拉伸的强度下降。对于裸光纤尤其如此，一根没有外部涂覆层的裸光纤的抗张力不到 100g。加上涂覆层的光纤（如图 5-13 所示）实际的抗张能力可以达到 7kg，虽然比理论值 30kg 下降了不少，但是相比于同样粗细的钢丝，光纤的抗张能力比钢丝强一倍。在制造过程中，当光纤丝被拉出以后，要在包层之外涂上一层丙烯酸环氧树脂或硅酮树脂（硅橡胶）等保护材料（此工序称为一次涂覆或预涂覆）。涂覆层除了可以防止光纤的机械损伤外，还可以隔离光纤纤芯和空气中的水分及各种化学成分，可以防止光纤表面已经存在的微小裂纹进一步腐蚀扩大，从而提高光纤的抗张能力。光纤的机械性能还与制造过程的各道工序紧密相关，尤其对于制造环境的整洁度要求很高，如果有污染物接触了裸光纤，就会造成制造出来的光纤最终的抗拉强度大大降低。

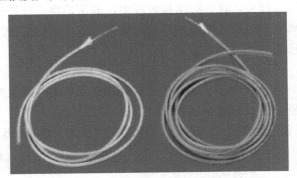

图 5-13　含有涂覆层的光纤

（2）光纤的温度特性

光纤的温度特性是指光纤在使用过程中随着温度的变化表现出来的稳定性能。如前所述，为了增加光纤的抗拉性能，裸光纤增加了涂覆层和套塑层。由于涂覆层和套塑层的材料是树脂和塑料，它们的膨胀系数大于裸光纤的膨胀系数。因此，在温度变化时，涂覆层和套塑层热胀冷缩的程度比裸光纤热胀冷缩的程度高，会造成光纤的弯曲，引起光纤的附加损耗。光纤的温度特性受到涂覆层和套塑层所使用的材料和制造工艺的影响很大。因此，在光纤的制

137

造过程中，必须合理选择涂覆层和套塑层所使用的材料及相关的工艺，减小由于温度变化引起的涂覆层和套塑层热胀冷缩造成的光纤弯曲。

5.2.3 光纤的连接

1. 光纤连接的方法

实际的光纤系统都是由许许多多的光纤连接构成的，而两根光纤的连接比两根金属导线的连接复杂许多。金属导线的连接只需要紧密接触就可以了，金属连接的连接损耗几乎小到可以忽略不计。而两根光纤的连接却需要很精密的连接技术来实现，以减小由光纤接头引起的损耗。通常，光纤接头引起的损耗达到系统总损耗的30%以上。光纤连接的方法主要有固定连接和活动连接两种方法。

（1）光纤的固定连接

光纤的固定连接主要包括三个步骤：光纤端面的制备、光纤的对准和光纤的固定。

① 光纤端面的制备：为了获得低损耗的光纤接头，待连接的两根光纤端面必须光滑平整，并且端面必须与光纤的轴相垂直。

② 光纤的对准：包括无源对准和有源对准两种方式。无源对准是指利用光纤的包层或支撑光纤的套管的几何一致性来使光纤的纤芯对准。有源对准是指通过监测光纤到光纤的耦合效率，使光纤的接收功率最大或者使光纤的连接损耗达到最小，从而获得最佳的对准效果。

③ 光纤的固定：光纤的固定包括胶粘、机械夹持和熔接三种方式。胶接技术在光纤连接中起到十分重要的作用。除了熔接接头外，几乎所有的光纤连接都离不开各种各样的胶粘剂。应用胶粘的方法固定光纤接头，最重要的就是要选择热性能良好的胶粘剂，这样才能保证接头特性的长期稳定。机械夹持技术是为临时连接两根光纤提供的一种简便而快速的方法，它的原理是在光纤对准的基础上，利用机械机构使光纤固定。机械夹持与胶粘剂结合使用可以做出稳固的永久性的光纤接头。光纤的熔接技术是性能最稳定、应用最普遍的一种，常用于永久性的光纤固定接头。在光纤熔接过程中，通常是将光纤经过端面的制备、光纤对准后，利用电弧、等离子焊枪或者氢氧焰焊枪对准光纤连接部位进行加热，使得两根光纤熔接。采用熔接的光纤接头连接损耗很低。

下面以熔接为例，说明光纤连接的几个步骤。

① 准备工作：光纤熔接工作不仅需要专业的熔接工具，还需要很多普通的工具辅助完成这项任务，如剪刀、竖刀等，如图5-14所示。

② 去皮：首先将黑色光纤外表去掉，如图5-15所示，去掉1m长左右。

图5-14 光纤熔接辅助工具

图5-15 去除外表皮

③ 清洁工作：不管我们在去皮工作中多小心也不能保证玻璃丝没有一点污染，因此在熔接工作开始之前必须对玻璃丝进行清洁。比较普遍的方法是用纸巾蘸上酒精，然后擦拭清洁每一小根光纤，如图 5-16 所示。

④ 套接工作：清洁完毕后要给需要熔接的两根光纤各自套上光纤热缩套管，如图 5-17 所示。光纤热缩套管主要用于在玻璃丝对接好后套在连接处，经过加热形成新的保护层。

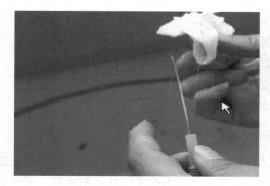

图 5-16　清洁光纤

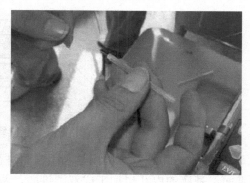

图 5-17　套接

⑤ 熔接工作：将两端剥去外皮露出玻璃丝的光纤放置在光纤熔接器中，即可熔接，如图 5-18 所示。

图 5-18　熔接

（2）光纤的活动连接

光纤的活动连接是靠光纤连接器来实现的。光纤连接器是一种可以拆卸的连接器件，它可以用来反复地连接和断开光纤。

2．光纤连接中的辅助器件

在光纤通信的传输系统中，传输线路中还需要各种辅助器件，以实现光纤与光纤之间或光纤与光端机之间的连接、耦合、合分路、线路倒换及保护等多种功能。辅助器件有光纤连接器、光纤耦合器、光开关、光隔离器和光衰减器等。

（1）光纤连接器

光纤连接器又称为光纤活动连接器，是用于连接两根光纤或光缆形成连续光通路的可以拆卸重复使用的光无源器件，被广泛应用在光纤传输线路、光纤配线架和光纤测试仪器、仪表中，也是目前使用数量最多的光无源器件。

139

① 光纤连接器的结构：光纤连接器采用某种机械和光学结构，使两根光纤的纤芯对准，保证 90%以上的光能够通过，目前有代表性并且正在使用的光纤连接器主要有以下几种结构。

a．套管结构：如图 5-19 所示，套管结构的连接器主要由套筒和插针构成，光纤放置在插针里，两个插针在套筒中对接并保证两根光纤的纤芯对准。此种结构的连接器设计合理，加工技术能够达到对准所要求的精度，所以得到了广泛的应用。

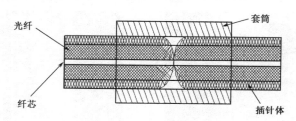

图 5-19　光纤连接器的套管结构

b．双锥结构：双锥结构是利用锥面进行定位的，如图 5-20 所示，插针的外端面加工成圆锥面，基座的内孔也加工成双圆锥面，两个插针插入基座的内孔实现纤芯的对接。采用此结构的连接器，对插针和基座的加工精度要求较高。

c．V 形槽结构：如图 5-21 所示，V 形槽结构的光纤连接器是将两个插针放入 V 形槽基座中，再用盖板将插针压紧，利用对准原理使纤芯对准。采用这种结构精度高，但是结构复杂，零件数量多。

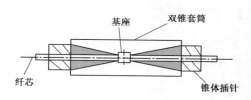

图 5-20　光纤连接器的双锥结构

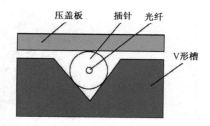

图 5-21　光纤连接器的 V 形槽结构

② 光纤连接器的种类：光纤连接器的种类很多，其中有代表性的主要有 FC 型光纤连接器、SC 型光纤连接器、ST 型光纤连接器、双锥型连接器、DIN47256 型光纤连接器、MT-RJ 型连接器、LC 型连接器、MU 型连接器。目前，我国使用最多的是 FC 系列的连接器，它主要应用于干线系统中。SC 型连接器主要用于光纤局域网、有线电视和用户网。下面介绍 FC 系列、SC 系列和 ST 系列的连接器。

a．FC 型光纤连接器：如图 5-22 所示，FC 系列连接器的外部加强方式是采用金属套，紧固方式为螺丝扣。最早，FC 类型的连接器采用陶瓷插针，对接端面是平面接触方式（FC）。其特点是结构简单，操作方便，制作容易，但光纤端面对微尘较为敏感，且容易产生反射，会增加光纤传输过程中的损耗。后来，对该类型连接器做了改进，采用对接端面呈球面的插针（PC），而外部结构没有改变，使得损耗性能有了较大幅度的提高。

b．SC 型光纤连接器：如图 5-23 所示，SC 型光纤连接器外壳呈矩形，外壳采用工程塑料制作，所采用的插针和耦合套筒的结构尺寸与 FC 型完全相同，紧固方式是采用插拔销闩式，无须旋转。此类连接器价格低廉，插拔操作方便，可以密集安装，可以做成多芯连接器。

140

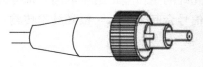

（a）FC型光纤连接器结构图　　　　　　　（b）FC型光纤连接器实物图

图 5-22　FC 型光纤连接器

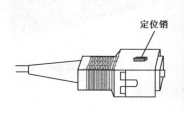

定位销

（a）SC型光纤连接器结构图　　　　　　　（b）SC型光纤连接器实物图

图 5-23　SC 型光纤连接器

c．ST 型光纤连接器：如图 5-24 所示，ST 型光纤连接器外壳呈圆形，所采用的插针和耦合套筒的结构尺寸与 FC 型完全相同，其中插针的端面多采用 PC 型或 APC 型研磨方式，紧固方式为螺丝扣。此类连接器适用于各种光纤网络，操作简便，且具有良好的互换性。

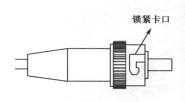

锁紧卡口

（a）ST型光纤连接器结构图　　　　　　　（b）ST型光纤连接器实物图

图 5-24　ST 型光纤连接器

③ 光纤连接器的特性：表征光纤连接器特性的参数主要是插入损耗、回波损耗、重复性和互换性等。

a．插入损耗：也称为连接损耗，是指光纤中的光信号通过光纤连接器，其输出光功率与输入光功率的比的分贝数，即 $A_C = -10\lg P_1 / P_0$（dB）。式中，A_C 表示连接器插入损耗，P_0 表示输入端的光功率，P_1 表示输出端的光功率。

b．回波损耗：是指在光纤连接处，后向反射光功率与输入光功率的比的分贝数，即 $A_r = -10\lg P_R / P_0$（dB）。式中，A_r 表示回波损耗，P_0 表示输入光功率，P_R 表示后向反射光功率。回波损耗越大越好，以减少反射光对光源和系统的影响。

c．重复性和互换性：重复性是指光纤连接器多次插拔后插入损耗的变化，用分贝（dB）表示；互换性是指连接器各部件互换时插入损耗的变化，也用分贝（dB）表示。通常这两个指标用来表示连接器结构设计和加工的合理性。

（2）光纤耦合器

光纤耦合器如图 5-25 所示，是将光信号进行分路或合路、插入、分配的一种器件。在光纤通信系统或光纤测试中，经常遇到需要从光纤的主传输信道中取出一部分光，作为监测、控制等使用；也需要把两个不同方向来的光信号合起来送入一根光纤中传输，这时就要用光纤耦合器来完成。

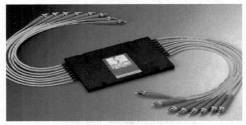

（a）N×N路光纤耦合器　　　　　　　　　　　（b）1×N路光纤耦合器

图 5-25　光纤耦合器

（3）光衰减器

光衰减器如图 5-26 所示，当输入光功率超过某一范围时，为了使光接收机不产生失真，或为了满足光线路中某种测试的需要，必须对输入光信号进行一定程度的衰减。光衰减器主要用于光纤通信系统的特性测试和其他测试中，是对光功率有一定衰减量的器件。目前常用的光衰减器主要采用金属蒸发膜来吸收光能进行光衰减，衰减量的大小与膜的厚度成正比。

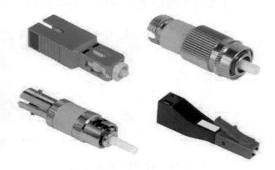

图 5-26　光衰减器

（4）光隔离器

光隔离器如图 5-27 所示。像 LD 及光放大器等对来自连接器、熔接点、滤波器等的反射光非常敏感，并易导致性能恶化，因此需要用光隔离器来阻止反射光。光隔离器是一种非互易性器件，只允许光波往一个方向传输，阻止光波往其他方向尤其是反方向传输，一般用在激光器或光放大器后。

图 5-27　光隔离器

（5）光开关

光开关是传输通路中的光路控制器件，起着控制光信号通、断或转换光路的作用。光开关主要有机械光开关和波导光开关。机械光开关利用电磁铁或步进电动机驱动光纤、棱镜或反射镜等光学元件，实现光路切换。其优点是插入损耗小、串扰小，适用于各种光纤，技术成熟；缺点是开关速度慢。波导光开关是用电光效应、磁光效应或声光效应实现光路切换。其优点是开关速度快；缺点是插入损耗大、串扰大，只适用于单模光纤。

5.2.4 光缆的结构、型号及规格

1. 光缆的结构

为了增加光纤的机械强度，对光纤进行一次涂覆后还要对光纤进行套塑并制成光缆，然后才能在实际的工程中予以应用。光缆可以在敷设时和敷设后（20 年以上）对光纤进行保护，避免光纤受到外力（包括物理的、化学的、动态的和静态的外部影响）而损坏，同时不使光纤的传输特性遭到损坏。光缆一般由缆芯、护层和加强件构成。

（1）缆芯

缆芯是光缆最主要的组成部分，它的结构是否合理关系到光纤系统能否安全稳定地运行。对于光缆的缆芯通常要达到以下的要求：首先，光纤在缆芯中应处于合适的位置，从而保证光纤传输特性的稳定；其次，当光缆受到一定的外部压力、拉力时，能够保护光纤不受外力的影响；再次，缆芯中的加强件应能够承受足够的拉力；最后，缆芯的横截面积应尽量小，以节约制造成本。缆芯的基本结构有层绞式、骨架式、中心束管式和带状式几种。

① 层绞式结构：如图 5-28 所示，层绞式光缆是将多个松套管结构的光纤单元按照一定的顺序绞合在一起的。所谓松套管单元是指将光纤和油膏一起放入套管内，一个松套管单元内的光纤数目可以从 2～12 芯不等，油膏起到缓冲和防水保护光纤的作用。在生产过程中，可以根据所需要光纤的数目来增减松套管光纤单元的数目，当需要的光纤数目较少时，可以用填充绳来替代松套管光纤单元，这样生产的流程和生产的工艺可以不变，降低了生产成本。层绞式光缆的特点是光缆中包含的光纤数目较多，光缆的机械特性好，适合于直埋、管道敷设，也适合架空敷设。目前在我国，层绞式光缆得到了大量的应用。

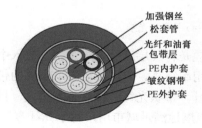

（a）层绞式光缆结构

加强钢丝
松套管
光纤和油膏
包带层
PE 内护套
皱纹钢带
PE 外护套

（b）光纤绞合成光缆

图 5-28　层绞式光缆

② 骨架式结构：如图 5-29 所示，骨架式光缆的光纤放置于塑料骨架槽中，槽中既可以放置 5～10 根经过一次涂覆的光纤，也可以如 5-29（a）所示放置光纤带，构成大容量的光缆。如果放置的是一次涂覆的光纤而不是光纤带的话，则槽内应该添加油膏起缓冲和防水的作用，以保护光纤。槽的横截面形状可以是 V 形、U 形或者其他的形状，槽的纵向为螺旋形或正弦形，如图 5-29（b）所示。骨架式光缆槽的数量根据要求的光纤的数量来决定（通常是 6～8 槽，最多可以达到 18 槽，从而一根光缆容纳的光纤数可以从数十根到上千根）。骨架

式光缆的优点是结构紧凑、缆径小、光纤的密度大，施工过程中较为方便，缺点是制造设备复杂、工艺环节多、生产技术难度大等。

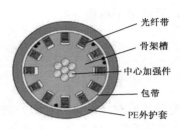

（a）骨架式光缆结构

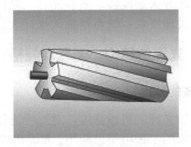

（b）骨架结构

图 5-29　骨架式光缆

③ 中心束管式：如图 5-30 所示，中心束管式中心是一个大的松套管，光纤集中放置在中心的松套管中，管中同样充有油膏，对管中的光纤在受到压力、拉力和弯曲时提供保护和缓冲的作用。钢丝作为光缆的加强元件放置在缆芯外部的护层中，可以有效减小光缆的横截面积。管中的光纤可以是分离式的光纤，也可以是几根或者几十根光纤结成的光纤束，还可以是光纤带。光纤束和光纤带式的光缆，总光纤数可以达到近百根。中心束管式的光缆优点是光缆结构简单、制造工艺简捷，光缆的横截面积小、质量小，适合于架空敷设，也可用于管道或直埋敷设。

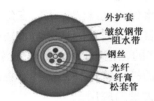

（a）中心束管式光缆结构

（b）实物图

图 5-30　中心束管式光缆

④ 带状式：如图 5-31 所示，带状式光缆是将几层光纤做成带状，放入中心松套管中。带状式光缆可以容纳许多根光纤，其空间利用率很高。一根外径为 12mm 的带状式光缆可以容纳 12 层光纤带（每层大约有 12 根）的光纤。带状光纤的特点是容量大，目前单根带状式光缆可以达到 2 000 芯光纤以上，可以最大限度地满足城市用户对于光纤容量的要求。

（a）带状式光缆结构

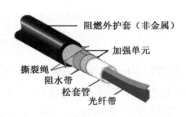

（b）带状式光缆结构实物

图 5-31　带状式光缆

（2）护层

护层对光纤起进一步的保护作用。护层使光纤能够适应于各种敷设条件，如架空敷设、管道、直埋、室内、跨河和跨海等复杂的环境。对于采用了外周加强元件的光缆，护层还应该提供足够的抗压、抗拉和抗弯曲等能力。护层的另一个重要作用是防水、防潮。因为水分和潮气如果侵入光缆可能会造成如下的危害：水分被光纤吸收后会加大光纤的损耗，严重的情况下甚至会出现通信中断；水分会造成光纤分子的缺陷，降低光纤抗拉的能力，导致光缆中金属构件的腐蚀现象，降低光缆的强度；遇到低温环境时，光缆中的水分可能会结冰从而对光纤的结构造成损坏。为了防止水分对光缆造成损害，在光缆光纤的设计、生产、运输和使用过程中都采取了一系列的防水措施。首先，光缆通常都配置了聚乙烯（PE）护层，它是防水的第一道防线，在运输的过程中，要很小心地保护 PE 层不被损坏；其次，防潮屏蔽层是第二道防线，在生产过程中必须密封严密；第三，松套管和石油膏是第三道防线，松套管中间不允许有接头、裂缝及其他损伤点，石油膏可以有效阻止潮气和水分的侵入和扩散。

（3）加强件

加强件是为光缆提供抗拉、抗侧压保护的器件。加强件可以由金属丝、非金属的纤维增强塑料或者玻璃纤维制成。利用非金属材料制成的加强件，可以防止雷电和强电的影响。光缆中加强构件的配置方式有中心加强构件和外周加强构件两种。中心加强构件是指加强构件一般处于缆芯中央，可以是高强度的钢线，也可以是多股钢绞线。外周加强构件是指加强构件一般以螺旋形扭绞在某一光缆组件上，其柔韧性较好，便于施工。如图 5-29 所示的骨架式光缆结构就属于中心加强件型，而图 5-30 所示中心束管式光缆结构则属于外周加强件型。

2．光缆的其他结构

（1）自承式光缆结构

如图 5-32 所示，自承式光缆是利用塑料外护层把光缆的吊线与基本光缆结合在一起的光缆结构。光缆内的基本结构除了采用层绞式外，也可以采用骨架、中心束管式和带状式。自承式光缆很适合于架空敷设的方式。

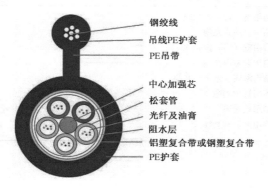

图 5-32　自承式光缆结构

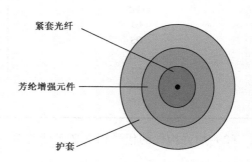

图 5-33　单芯式光缆结构

（2）单芯式光缆结构

如图 5-33 所示，单芯式光缆内部采用的是紧套光纤，采用芳纶或者纤维束作为加强元件，外部则采用塑料护套。单芯式光缆主要用于室内机器之间的光缆连接，或作为跳线使用。

145

（3）入户式光缆结构

入户式光缆主要用于光纤入户，每一个单元作为一个独立的结构，采用扁平设计，以适应入户要求。多个入户式光缆单元可以组合成一个单位式入户光缆，其内部的子单元数目可根据光缆的用途自由组合：如果是用于楼栋单元，可以根据单元内的用户数组合成单元式的入户光缆；如果是用于整栋楼，可以组成楼栋式的入户光缆，如图5-34所示。入户式光缆可以很方便地和路边的光缆分配箱相连接，入户式光缆可以采用两芯的结构，也可以采用四芯的或者更多芯的结构，光纤一般采用的是松套式结构。

3．光缆的型号及规格

光缆的型号和规格标注如图5-35所示，它由分类、加强构件、结构特征、护套和外护层五个部分组成。

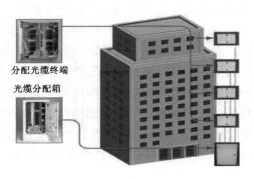

图5-34　楼栋式入户光缆

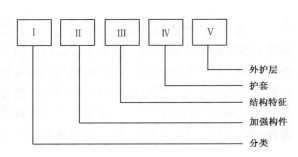

图5-35　光缆型号及规格标注

（1）光缆的分类代号及其含义（见表5-2）

表5-2　光缆的分类代号及其含文

分 类 代 号	含　义
GY	通信用室（野）外光缆
GM	通信用移动式光缆
GJ	通信用室（局）内光缆
GS	通信用设备内光缆
GH	通信用海底（水下）光缆
GT	通信用特种光缆
GR	通信用软光缆
GW	通信用无金属光缆

（2）加强构件的代号和含义（见表5-3）

表5-3　加强构件的代号和含义

加强构件代号	含　义
F	非金属加强构件
G	金属重型加强构件
H	非金属重型加强构件

（3）结构特征的代号和含义（见表5-4）

表5-4　结构特征的代号和含义

结构特征代号	含　义
无符号	层绞结构
D	光纤带结构
S	光纤松套被覆结构
J	光纤紧套被覆结构
G	骨架槽结构
X	缆中心管（被覆）结构
T	油膏填充式结构
R	充气式结构
C	自承式结构
B	扁平形状
E	椭圆形状
Z	阻燃结构

（4）护套的代号和含义（见表5-5）

表5-5　护套的代号和含义

护套代号	含　义
Y	聚乙烯护套
V	聚氯乙烯护套
U	聚氨酯护套
A	铝-聚乙烯黏结护套（简称A护套）
S	钢-聚乙烯黏结护套（简称S护套）
W	夹带钢丝的钢-聚乙烯黏结护套（简称W护套）
L	铝护套
G	钢护套
Q	铅护套

（5）外护层的代号和含义（见表5-6）

表5-6　外护层的代号和含义

代　号	铠　装　层	代　号	外　被　层
0	无铠装层		
2	绕包双钢带	1	纤维外被
3	单细圆钢丝	2	聚乙烯保护管
33	双细圆钢丝	3	聚乙烯套
4	单粗圆钢丝	4	聚乙烯套加覆尼龙套
44	双粗圆钢丝	5	聚氯乙烯套
5	皱纹钢带		

4．光缆的选择和使用注意事项

（1）光缆种类选用因素

光缆的选用除了根据光纤芯数和光纤种类以外，还要根据光缆的使用环境来选择光缆的外护套。户外用光缆直埋时，宜选用铠装光缆。架空时，可选用带两根或多根加强筋的黑色塑料外护套的光缆。建筑物内用的光缆在选用时应注意其阻燃、毒和烟的特性。一般在管道中或强制通风处可选用阻燃但有烟的类型。暴露的环境中应选用阻燃、无毒和无烟的类型。楼内垂直布缆时，可选用层绞式光缆；水平布线时，可选用可分支光缆。传输距离在 2km 以内的，可选择多模光缆，超过 2km 可选用中继或单模光缆。

（2）施工过程中的注意事项

① 户外施工时，长距离光缆敷设最重要的是选择一条合适的路径。必须要有完备的设计和施工图纸，以便施工和日后检查方便可靠。光缆转弯时，转弯半径要大于光缆自身直径的 20 倍。

② 户外架空光缆施工：吊线托挂架空方式，简单便宜，应用最广泛，但挂钩加挂、整理较费时；吊线缠绕式架空方式，较稳固，维护工作少，但需要专门的缠扎机；自承重式架空方式，对线干要求高，施工维护难度大，造价高，架空时光缆引上线干处需加导引装置，并避免光缆拖地，光缆牵引时注意减小摩擦力，每个干上要余留一段用于伸缩的光缆。

③ 户外管道光缆施工：施工前核对管道占用情况，安放塑料子管，同时放入牵引线。计算好布放长度，一定要有足够的预留长度。布缆牵引力一般不大于 120kg，而且应牵引光缆的加强心部分，并做好光缆头部的防水加强处理。光缆引入和引出处需加顺引装置，不可直接拖地。管道光缆还要注意可靠接地。

④ 直接地埋光缆的敷设：直埋光缆沟的深度要按标准进行挖掘，不能挖沟的地方可采用架空或钻孔预埋管道敷设。沟底应保证平缓坚固，需要时可预填一部分沙子、水泥或支撑物。敷设时可用人工或机械牵引，但要注意导向和润滑。敷设完成后，应尽快回土覆盖并夯实。

⑤ 建筑物内光缆的敷设：垂直敷设时，注意光缆承重问题，一般每两层要将光缆固定一次。光缆穿墙或穿楼层时，要加带护口的保护用塑料管，并且要用阻燃的填充物将管子填满。在建筑物内也可以预先敷设一定量的塑料管道，待以后要敷射光缆时再用牵引或真空法布光缆。

思考与练习 5-2

（1）光纤一般由_____、_____和_____三个部分构成。

（2）光纤按照材料可以分为_____和_____两大类，按照光纤截面折射率的分布可以分为_____和_____两大类。

（3）光纤的损耗因素主要有_____、_____和_____三种。

（4）光缆一般由_____、_____和_____构成。

（5）光缆的缆芯基本结构主要有_____、_____、_____和_____四种。

（6）常用的光纤连接辅助器件有_____、_____、_____、_____和_____五种。

（7）光纤连接的主要方法有_____和_____两种。

（8）光纤的固定连接主要包括_____、_____和_____三个步骤。

5.3 光纤通信系统

5.3.1 光纤通信系统的组成

光纤通信系统如图 5-36 所示，通常由光发射机、光纤、中继站、光接收机等几个部分组成。光发射机将电信号转化为相应的光信号，并能够提供满足通信要求的光发射功率。光信号在光纤中传输时会有损耗，特别是在长距离的传输中，光信号会有较大的衰减，所以需要有中继站对光信号进行再生和放大。光接收机的作用是将接收到的光信号转化为相应的电信号。

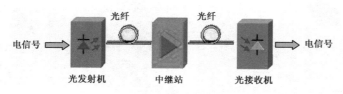

图 5-36　光纤通信系统

1．光发射机

光发射机的结构如图 5-37 所示，主要包括光源、输入电路、驱动电路、自动功率控制电路、自动温度控制电路和报警保护电路。光发射机的功能是根据来自于电端机的电信号形式对光源发出的光进行调制，再将已调的光信号耦合到光纤或光缆去传输。

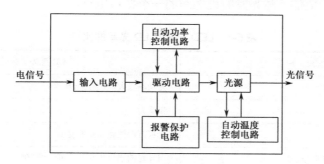

图 5-37　光发射机的结构

（1）光源

① 光源的作用：将传输过来的电信号转换为具有一定功率的光信号发射出去。

② 光纤通信系统的光源通常要满足一些要求：第一，发射的光功率应足够大，而且稳定度要高；第二，调制方法简单；第三，光源与光纤之间应有较高的耦合效率，即光由光源到光纤的传送损耗要小；第四，光源发光谱线宽度要窄，即单色性要好；第五，可靠性要高，必须保证系统能 24 小时连续运转；第六，光源应该是低功率驱动（低电压、低电流），而且电光转换效率要高。

③ 目前常用的光源：主要有半导体发光二极管（LED）和半导体激光二极管（LD，又称为激光器），LED 光源和 LD 光源的比较见表 5-7。

a．半导体发光二极管（LED）：如图 5-38 所示，LED 已经有四十几年的使用历史，它被广泛地应用于各种各样的电子仪器中，也是光纤通信系统中的光源。LED 的优点在于它的尺寸较小和具有较长的寿命，缺点是发光亮度低、光谱宽（单色性不好）等。LED 主要用于低速、短距离的光纤通信系统。

　　b. 半导体激光器二极管（LD）：LD 是半导体激光二极管的简称，外形如图 5-39 所示。半导体激光器自从 20 世纪 70 年代发展起来后，现在已被广泛应用。LD 具有尺寸小、耦合效率高、发光亮度高、定向性好、光的单色性好等优点，使其成为长距离、大容量光纤通信链路的最佳光源。

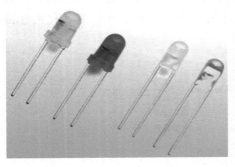
图 5-38　半导体发光二极管（LED）

图 5-39　半导体激光二极管（LD）

（2）输入电路

　　要传输的信息在进入光发射机之前是以电信号的形式存在的，光发射机中输入电路的作用是将电信号进行放大、整形、电平移位和码型转化等处理，然后将信号传入驱动电路。所以，输入电路相当于电信号与光发射机之间的一个接口电路。

表 5-7　LED 光源和 LD 光源的比较

LED 发光二极管	LD 激光二极管
光功率较小，仅 1～2mW	光功率较大，1～10mW
带宽小	带宽大
方向性差，发散度大	光束方向性强，发散度小
与光纤的耦合效率低，仅百分之几	与光纤的耦合效率高，可达到 30%～50%
光谱较宽	光谱较窄
制造工艺难度大，成本高	制造工艺难度小，成本低
可在较宽的温度范围内正常工作	在要求光功率较稳定时，需要外加电路控制
在大电流下易饱和	输出特性曲线的线性度较好
可靠性较好	可靠性一般
工作寿命长	工作寿命短

（3）驱动电路

　　光源的调制是指在光纤通信系统中，将要发送的信息加载在光波上，使它含有要传输的信息。从调制方式与光源的关系上分，光波调制的方法有两种：直接调制和外调制。直接调制是指用电信号直接调制光源器件的偏置电流，使光源发出的光功率随信号而变化。其特点是简单、经济、容易实现，但调制速率受限制而较低。外调制基于电光、磁光、声光效应，让光源输出的连续光载波通过光调制器，光信号通过调制器实现对光载波的调制。其特点是需要调制器，结构复杂，但可获得优良的调制性能，特别适合高速率光通信系统。本章对较为简单的数字信号直接调制的方式进行说明。光源调制电路也称为驱动电路，不同的光发射机具有不同的驱动电路。

① LED 数字驱动电路：数字信号直接调制是指信号电流为单向二进制数字信号，用单向脉冲电流的"有"、"无"（1 码和 0 码）控制发光管的发光与否。LED 的数字驱动电路主要应用于二进制数字信号。驱动电路应能提供几十至几百毫安（mA）的"开"、"关"电流。一种简单的驱动电路如图 5-40 所示。输入的数字信号 U_i 输入到三极管 VT 的基极，三极管 VT 在这里起到开关的作用。当输入的是高电平 1 时，三极管饱和导通，LED 处于发光的状态，此时所需电流的大小由对输出光信号的幅度要求来确定；当输入的是低电平 0 时，三极管截止，LED 不发光，通过这样的方式完成对数字信号 1 码和 0 码的调制。这种驱动电路适合于 10Mb/s 的低速系统。

② LD 数字驱动电路：由于 LD 通常用于高速系统，且是阈值器件，它的温度稳定性较差，与 LED 相比，其调制技术要复杂得多，驱动条件的选择、调制电路的形式和工艺，都对调制性能至关重要。常用的射极耦合跟随 LD 驱动电路如图 5-41 所示，三极管 VT1 和 VT2 组成差分开关电路，VT1 和 VT2 的发射极接恒流源，该恒流源为电路提供了恒定的电流偏置。在 VT2 的基极上施加直流参考电压 U_b，数字信号 U_i 由 VT1 的基极输入。当输入信号 U_i 为低电平 0 码时，VT1 的基极电位低于 VT1 的基极电位 U_b，VT1 截止而 VT2 饱和导通，此时 LD 导通而发光；当输入信号为高电平 1 码时，VT1 的基极电位高于 VT2 的基极电位 U_b，VT1 导通而 VT2 截止，此时 LD 截止不发光；由于 VT1 和 VT2 处于轮流截止和非饱和状态，因此可以有效提高调制的速率。射极耦合电路采用恒流源，电流的噪声小，但也存在动态范围小和功耗较大的缺点。

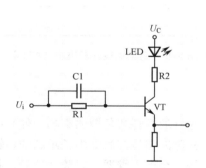

图 5-40　LED 驱动电路

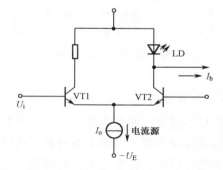

图 5-41　LD 驱动电路

（4）自动功率控制电路（APC）

在 LD 的使用过程中，随着 PN 结温度的变化和老化，会导致输出信号的脉冲幅度和功率发生变化，从而导致输出信号不稳定。自动功率控制电路（APC）的作用就是当输出功率发生变化时，通过反馈的作用调整 LD 的偏置电流，从而使输出功率恢复到设定的水平。

（5）报警保护电路　报警保护电路主要用于 LD 做光源的光发射机中。报警保护电路主要包括以下模块：光源过流保护电路、无光报警电路和寿命报警电路，如图 5-42 所示。

① 光源过流保护电路：为了保护光源不至于因为通过的电流太大而损坏，需要用到光源过流保护电路。它的作用是对流过光源的电流进行监测，当发现流过光源的电流值大于设定

的阈值时，关断流经光源的电流，从而起到过流保护的作用。

② 无光报警电路：无光报警电路的作用是，当光发射机的光源由于某种原因损坏或者无法发出光线时，报警电路送出报警信号给监控电路进行处理。

③ 寿命报警电路：LD 的寿命是指，随着 LD 的使用老化，阈值电流 I_t 会增大，当 I_t 的值增大到初始值的 1.5 倍时，激光器的寿命就结束。所以寿命报警电路是对电流进行监测，当电流超过初始阈值电流 I_t 的 1.5 倍时，送出报警信号给监控电路进行处理。

（6）自动温度控制电路（ATC）

温度变化引起 LD 输出光功率的变化，虽然可以通过自动功率控制电路（APC）进行调节，使输出光功率恢复正常值。但是，如果环境温度升高较多，经 APC 电路调节后，偏置电流 I_B 增大较多，则 LD 的温度因此也升高很多，致使阈值电流继续增大，造成恶性循环，从而会影响 LD 的使用寿命。因此，为保证激光器长期稳定工作，必须采用自动温度控制电路（ATC）使激光器的工作温度始终保持在 20℃ 左右，如图 5-43 所示，自动温度控制电路主要由热敏电阻、控制电路和制冷器构成。当激光器的温度升高时，热敏电阻感应到温度的变化，将温度的变化转换成相应的电信号，通过控制电路控制制冷器开启制冷功能，对 LD 进行降温；当温度降到预定值时，再通过控制电路关闭制冷功能，停止降温，这样就能使 LD 的温度保持稳定。在光发射机电路中，由于采用了自动温度控制和自动功率控制电路，使 LD 输出光功率的稳定度保持在较高的水平。环境温度在 5～50℃ 范围内，LD 输出光功率的不稳定度小于 5%。

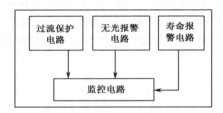

图 5-42　报警保护电路

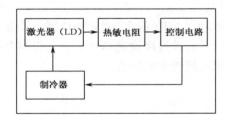

图 5-43　自动温度控制电路（ATC）

2. 中继站

在远距离光纤通信系统中，由于受发送光功率、光纤的损耗和色散的影响，使光脉冲信号的幅度受到衰减，波形出现失真。这样，就限制了光脉冲信号在光纤中长距离的传输。为了延长通信距离，需在光波信号传输一定距离以后，加一个光中继器，以放大信号，补偿光能的衰减，恢复波形。目前常用的中继器有两种，一种是光—电—光中继方式；另一种是采用光放大器进行中继。

（1）光—电—光中继器

如图 5-44 所示，光—电—光中继器将光纤上传输的光信号通过光检测器转换为电信号，送入电信号放大器进行放大。由于经过一定距离的传输后，信号的波形会发生衰减和失真，判决再生电路的作用是将失真的信号进行处理，恢复成原来不失真的信号。经过判决再生电路处理的信号进入驱动电路，对光源进行调制，再将电信号转换为光信号继续向下传输。这样，通过多个中继器的级联就能组成长距离的光纤通信系统。该中继器大约每 50～100km 需要中继一次。

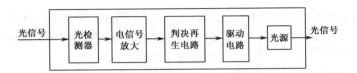

图 5-44　光一电一光中继器

（2）光放大器

上述光一电一光中继器在中继的过程中需要完成光转换为电、电再转换为光的过程，它需要的设备复杂，维护运转不便，而且随着光纤通信的速率越来越高，光一电一光中继器在整个光纤通信系统中所占的成本越来越高，使得光纤通信的成本增加，性价比下降。由于光一电一光中继器具有上述缺点，所以 1989 年，以掺铒光纤放大器为代表的光放大技术可以说是光纤通信的一次革命。光放大器对光信号进行直接的放大，而不需要进行光电和电光的转换。全光中继器（所谓全光中继器能够直接对光信号进行放大，而不需要将光先转换为电信号，放大电信号后再转换为光信号）大约每 160km 需要一次中继，每 600～800km 需要一次电再生中继，这就大大增加了中继的距离，使得通信成本降低，设备简化，运行维护方便。

3. 光接收机

光接收机的作用是将光纤传输后的幅度被衰减、波形产生畸变的、微弱的光信号转换为电信号，并对电信号进行放大、整形、再生后，再生成与发送端相同的电信号，输入到电接收端机，并且用自动增益控制电路（AGC）保证稳定的输出。光接收机中的关键器件是半导体光检测器，它和接收机中的前置放大器合称为光接收机前端。前端性能是决定光接收机性能的主要因素。光接收机按照处理信号的形式可以分为模拟接收机和数字接收机两种，下面以数字接收机为例来说明。光接收机的组成框图如图 5-45 所示，光纤通信系统中的光接收机主要由光检测器、前置放大器、主放大器、均衡器、再生电路、偏压控制电路和 AGC 电路（自动增益控制电路）组成。

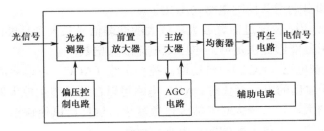

图 5-45　光接收机的组成框图

（1）光检测器

光检测器是光纤通信系统中的核心器件，借助于光检测器，可以完成光电转换。实际应用中，常用的光检测器有两种：一种是 PIN 光电二极管；另一种是雪崩光电二极管（APD）。

① PIN 光电二极管：普通的二极管由 PN 结组成。在 P 和 N 半导体材料之间加入一薄层低掺杂的本征（Intrinsic）半导体层，组成 P-I-N 结构的二极管就是 PIN 光电二极管。它是一种在光的照射下可以在内部产生光电流的光检测器件。PIN 光电二极管结构简单，主要应用于短距离、小容量的光纤通信系统中。它在工作时，只需 10～20V 的偏压即可，且不需偏压控制，但它没有电流增益。因此使用 PIN 管的接收机灵敏度不如 APD 管的高。如图 5-46 所

示，当光线照射到 PIN 二极管的光敏面时，由于二极管的光电效应，会在内部产生能导电的
电子，电子在外电场的作用下移动就形成电流，从而完成光电转换。

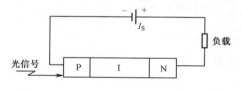

图 5-46　PIN 光电二极管工作示意图

② 雪崩光电二极管（APD）：APD 二极管不但可以进行光电转换，而且内部还具有放大作用。APD 二极管是利用半导体材料的雪崩倍增效应制成的。雪崩倍增效应是指，在二极管的 PN 结加上高的反向电压（一般是几十伏到几百伏）形成强电场，当光线照射二极管产生导电粒子时，这些导电粒子会被反向电压形成的强电场加速，获得很高的动能。具有高动能的导电粒子和 PN 结的原子发生碰撞，从而产生新的导电粒子。新的导电粒子再被强电场加速，再发生碰撞，产生更多新的导电粒子……如此循环下去，从而在 APD 内部形成成倍增加的导电粒子和光电流。APD管具有 10～200 倍的内部电流增益，可提高光接收机的灵敏度。但使用 APD 管比较复杂，需要几十到 200V 的偏压，而且温度变化较严重地影响 APD 管的增益特性。通常需对 APD 管的偏压进行控制以保持其增益不变，或采用温度补偿措施以保持其增益不变。

（2）偏压控制电路

当采用 APD 管作为光检测器件时，APD 管工作需要有几十到 200V 的电压提供反向偏压，偏压控制电路可以提供合适的电压来控制 APD 管的光电流增益。而 PIN 管所需的偏压较低，通常只需要 10～20V 的偏压，可以不需要偏压控制电路。

（3）前置放大器

光检测器产生的光电流非常微弱（nA～μA），必须先经前置放大器进行低噪声放大，光电检测器和前置放大器合起来叫做接收机前端，其性能的优劣是决定接收灵敏度的主要因素。对微弱的光电流进行放大时，需要经过多级放大器，在多级放大器的放大过程中，每一级的放大器都会加入本身的噪声，而且后一级的放大器在放大信号的同时也会将噪声一起放大，因此前置放大器必须具有低噪声、高增益的特点。

（4）主放大器和自动增益控制电路（AGC）

① 主放大器的作用：将经过前置放大器放大的微弱信号放大到足够的电平，以送入均衡器。主放大器的要求是能够提供足够的电压或电流放大倍数。

② 自动增益控制电路（AGC）：自动增益控制电路（AGC）可以完成主放大器放大倍数的调节。当光检测器输出的电平变化时，AGC 电路可以自动调节主放大器的放大倍数，输入变小时使放大倍数增大，输入变大时使放大倍数减小，这样可以使输出的信号幅度在一定的范围内保持稳定。通常，主放大器的输出电平可以达到几伏。

（5）均衡器

均衡器的作用是对主放大器输出的失真数字脉冲信号进行整形，使之成为最有利于再生电路再生信号的波形。均衡器的输出信号通常分为两路，一路送入自动增益控制电路，用以控制主放大器的增益；另一路送入判决（电平超过判决门限电平，则判为"1"码；低于判决门限电平，则判为"0"码）再生电路，将均衡器输出的信号恢复为"0"或"1"的数字信号。

（6）再生电路

再生电路的作用是将均衡器送过来的经过整形的信号，恢复为"0"或"1"的数字信号。通常再生电路包括判决电路和时钟提取电路。为了能从滤波器的输出信号判决出是"0"码还是"1"码，首先要设法知道应在什么时刻进行判决，即应将混合在信号中的时钟信号（又称

定时信号）提取出来，这是时钟恢复电路应该完成的功能；接着再根据给定的判决门限电平，按照时钟信号所"指定"的瞬间来判决由滤波器送过来的信号，若信号电平超过判决门限电平，则判为"1"码，低于判决门限电平，则判为"0"码。上述信号再生过程，可从图 5-47 中十分明显地看出来。

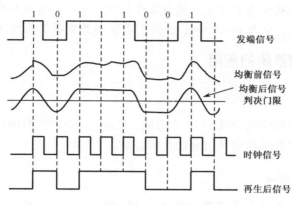

图 5-47　信号再生过程

（7）辅助电路

光接收机除了上述主要组成部分外，还需要一些辅助电路。

① 钳位电路：为了使输入判决电路的信号稳定，通常在判决电路前还需要加一个钳位电路，它可以将经过均衡的波形的幅度底部钳制在一个固定的电位上。

② 温度补偿电路：当接收机的温度随环境温度发生变化时，APD 管的增益将发生变化，这时会改变接收机的灵敏度。为了使接收机的灵敏度保持稳定，需要给 APD 管的偏压电路加上温度补偿电路，使 APD 管的偏压随温度发生改变，从而保证 APD 管增益的稳定性。

③ 报警电路：当输入光接收机的光信号太弱甚至没有光信号时，由报警电路输出一个报警信号。

应用提示

光电集成器件与电路

电子技术中的集成电路是用半导体微电子工艺把许许多多的电子器件制作在一个管芯上，成为大规模集成电路或超大规模集成电路。而光电集成器件则是把电子器件、光电器件和光波导器件集成在一起的器件。其中，电子器件包括半导体硅电子器件、砷化镓（GaAs）高速电子器件及未来发展的电子器件，光电器件包括半导体激光器、光检测器和半导体光放大器，光波导器件包括光路连线和各种光器件（例如，光衰减器、光分波器、光合波器、光耦合器、光隔离器、光开关、光环行器、光极化器、滤光器、光调制器及其他光逻辑器件）。光电集成器件具有微型化、集成化、工作效率高、可靠性高和成本低等优点。光电集成促使一批新功能器件的产生，如具有波长选择性的光开关、光波长变换器、全光路由器、光功率自动均衡器、色散自动调整补偿器，等等。与电子集成电路类似，光电集成电路（OEIC）是将电子器件和光电器件集成制作在一个衬底上形成的单片集成电路，它充分利用微电子和光电子的集成技术，大规模生产的重复性好，具有更多的功能、更低的功耗和更低

的价格。OEIC 的主要发展方向有三个，即改进光器件的性能、改进电器件的性能和创造新的性能（例如，光计算、光交换、光信号处理及非线性光交互等）。光子集成电路（PIC）是将光电器件与光波导器件集成制作在一个衬底上形成的单片集成电路。将多个同类器件集成在一个芯片上构成阵列光集成器件也属于光子集成电路的一个特例。光子电子集成电路（PEIC）是将电子器件、光电子器件和光波导光子器件综合集成的集成系统，它与 OEIC 和 PIC 的重要区别是集成了各种功能的光学器件。

5.3.2　光纤通信系统的应用

1．光纤通信网

我国市内电话光缆传输试验从 1978 年开始。目前，公用电信网的传输线基本上都是采用光纤光缆连接的，目前光纤通信网已连接我国各地。

2．能源、交通和其他

由于使用了光纤，对电力系统进行监视、控制和管理可以不受强电磁干扰，不仅信息传输量增大，而且工作更加可靠（见图 5-48）。传输信息用的光纤，可以放在输电线、地线的中心，不受干扰，施工方便。用电设备观测雷击很困难，因为雷击对用电设备也可能造成破坏。而用光纤却可以直接观测雷击现象，观测装置由检测器、光纤和观测记录仪等组成。雷击时位于铁塔上的检测器产生瞬间高电压，由于是光纤传输，因此对观测记录仪不会造成影响。

在能源系统如煤炭系统中，电监控系统信号均为电信号，在含瓦斯高的矿井中容易引起爆炸。因此，如果考虑安全因素，电信号功率不能太大，而这又导致传输距离受限。如果采用光纤系统，则既能保证安全，又能实现远距离监控。光纤在煤炭系统中的应用如图 5-49 所示。

图 5-48　光纤在强电检测信息传输中的应用

图 5-49　光纤在煤炭系统中的应用

3．光纤制导武器

光纤制导武器主要包括光纤制导导弹（见图 5-50）和光纤制导鱼雷。它用光纤传输目标图像，制导精度高，导弹射程远，而且更安全可靠，是一种由射击手控制的人工智能武器。

4．医学应用

光导纤维内窥镜（见图5-51）是一种利用纤维光学和光学、精密机械及电子技术结合而成的新型光学仪器，光纤内窥镜利用光导纤维的传光、传像原理及其柔软弯曲性能，可以对设备中肉眼不易直接观察到的任何隐蔽部位方便地进行直接快速的检查，既不需要设备解体，也不需要另外照明，只要有孔腔能使窥头插入，内部情况便可一目了然。光纤内窥镜还可手控窥头对被检查面进行连续上下、左右扫描。检查的图像可以目视，还可以配相关附件后，进行屏幕显示、采集图像、录制及分析等。

图 5-50　光纤制导导弹

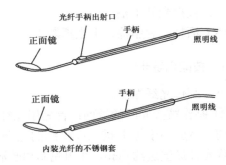

图 5-51　光导纤维内窥镜

5．光纤量子通信

2022年年初，我国光纤量子密钥分发的安全传输距离创造了新的世界纪录，达833公里，将这一世界纪录提升了200余公里，向实现千公里陆基量子保密通信迈出重要一步。

　思考与练习5-3

（1）光纤通信系统由_____、_____、_____和_____四部分构成。

（2）光纤通信系统中常用的光源有_____和_____两种。

（3）中继站主要包括_____、_____、_____、_____和_____五个模块。

（4）画出光发射机和光接收机的结构框图。

（5）举出四种光纤的应用。

　技能训练9　光纤熔接实验　

1．技能训练目的

（1）熟悉光纤的物理特征，掌握光纤的切割和制作端面的技术。

（2）掌握使用光纤熔接机连接光纤的方法。

2．技能训练内容

使用光纤熔接机进行光纤熔接接续。

3. 技能训练器材

（1）光纤熔接机 1 台。

（2）光纤端面切割器 1 台。

（3）光纤松套管切割钳 1 把。

（4）单头光尾纤 1 根。

（5）光纤涂覆层剥除钳 1 把。

（6）光纤热可缩保护套管 1 个。

（7）被接光纤 1 根。

（8）酒精、脱脂棉、卫生纸若干。

4. 技能训练步骤

（1）制作光纤端面。

① 制作被接光纤的端面：首先用光纤松套管切割钳去除光纤松套管（见图 5-52），每次剥除的长度应小于等于 60cm。接续的光纤一端套入一个热可缩套管，然后用光纤涂覆层剥除钳去除光纤涂覆层约 4cm，并用脱脂棉蘸酒精清洗裸光纤两次（上下、左右各一次）。最后用光纤端面切割器（见图 5-53）切割光纤（留长 16mm）。

图 5-52　去除光纤松套管

图 5-53　光纤端面切割器

② 制作尾纤的端面：先用光纤涂覆层剥除钳上的大孔去除尾纤护套，然后用光纤涂覆层剥除钳去除光纤涂覆层约 4cm，并用脱脂棉蘸酒精清洗裸光纤两次（上下、左右各一次）。最后用光纤端面切割器切割光纤（留长 16mm）。

（2）放置光纤。

如图 5-54 所示，将制作好端面的被接光纤和尾纤放置于熔接机的电极和 V 形槽之间各一半的位置，不要超过电极。

（3）熔接。

按下熔接机上的自动熔接按钮，熔接机会先对人工放置的光纤进行 X、Y 轴向对准（可从熔接机的液晶显示屏看到两光纤端面的形态和对准情况，如图 5-55 所示），接着自动熔接光纤。

（4）质量评价。

应在熔接机的显示屏上看到如图 5-56 所示的熔接形状（平整无毛刺）和熔接后的光功率损耗值，光功率损耗应小于 0.1dB。

图 5-54　放置光纤

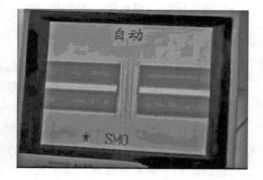

图 5-55　光纤自动对准

图 5-56　熔接质量评价

（5）加热热缩管、增强保护。

熔接完的光纤玻璃丝还暴露在外，很容易折断，这时可以使用刚刚套上的光纤热缩管进行固定。从熔接机的 V 形槽上取下熔接好的光纤，将热缩管轻轻移至熔接位置，再置于热容器中按下加热键进行加热（见图 5-57），收缩后取出冷却（见图 5-58）。

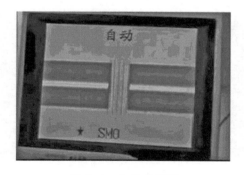

图 5-57　加热热缩管

图 5-58　加热后的热缩管

（6）关闭仪表电源、整理好器材。

5．注意事项

（1）人工放置光纤时，应避免头发之类的细小物件掉入 V 形槽和电极间。

（2）熔接完毕，取光纤时，不要触摸熔接机的高压区。

（3）谨慎操作，避免细小的光纤碎丝扎伤手指。

项目小结 ▶ --

光纤主要由纤芯、包层和涂覆层三个部分组成。

光纤按光在光纤中的传输模式分为单模光纤和多模光纤；按光纤的材料来分，可以分为石英光纤和塑料光纤；按光纤截面折射率的分布来分，可以分为阶跃型光纤和渐变型光纤。

光波在光纤中传输时，随着传输距离的增加，光的能量将发生衰减。引起光纤损耗的因素主要有吸收损耗、散射损耗和弯曲损耗。光纤的色散主要有模式色散、材料色散和波导色散三种。

光缆的结构主要有层绞式、骨架式、中心束管式和带状式四种。

光纤通信系统主要由光发射机、光纤、中继站和光接收机组成。

光发射机主要包括光源、驱动电路、光调制电路、自动偏置电路和报警保护电路。光发射机的功能是根据来自于电端机的信号形式对光源发出的光进行调制，再将已调的光信号耦合到光纤或光缆去传输。

光纤通信系统中的光接收机主要由光检测器、前置放大器、主放大器、均衡器、再生电路、偏压控制电路和 AGC 电路（自动增益控制电路）组成。

○ 自我评价

项　　目	目标内容	存在问题	掌握情况	收获大小
知识目标	掌握光纤的结构、光波在光纤中的传输特点			
	理解光纤的传输原理			
	了解光纤的应用			
技能目标	熟悉光纤的物理特征，掌握光纤的切割和端面制作技术			
	掌握使用熔接机连接光纤的方法			

第 6 章

光电技术的新发展

现代科技已经步入了信息时代，无论信息的获取、传输、存储，还是信息的处理与表达，光电技术都有很大的发挥空间。除了在信息技术中"地位显赫"之外，照明技术及太阳能技术等都与光电技术息息相关、密不可分。光电技术是 21 世纪的尖端科学技术，它对整个科学技术的发展起着巨大的推动作用。当前光电技术已经渗透到许多科学领域，如激光技术、光电信息技术、红外与微光技术、光子技术、生物医学光学、光电对抗技术、光电探测技术、光存储技术等。同时光电技术本身涵盖了众多的科学技术，它的发展也带动众多科学技术的发展，在交流与发展的过程中，形成了巨大的光电产业。

本章主要介绍光电技术的发展趋势和光电技术的一些最新发展。

161

6.1 光电技术的发展现状

如今，光电技术已经逐步深入到人们日常生活和工作中的每一个细节，深刻地影响着人们的生活质量和工作效率，并且将更进一步推动人们的生活向着更优质的前景发展。

光电技术应用于各个行业、各个领域，主要表现在以下几个方面。

1. 照明技术

1879 年，爱迪生通过长期的反复试验，终于点燃了世界上第一盏有实用价值的白炽灯。从此，人类进入了电光源照明时代。在历经了一百多年后的今天，LED 灯正在逐渐取代传统的白炽灯、节能灯。LED 灯泡相比传统灯泡最明显的优点是能耗低和寿命长，图 6-1 显示了照明灯具的演变。

(a) 白炽灯　　　　　(b) 节能灯　　　　　(c) LED灯

图 6-1　照明灯具的演变

在打造节能环保的低碳经济思路下，中国正在做大半导体照明产业。据相关机构分析，2015 年全国 LED 产业产值超过 3967 亿元，较 2011 年的 1540 亿元总产值翻倍还多。我国 2022 年达到 4614 亿元，是第一大照明光源和灯具生产国，但主要生产中低端产品，约占全球45%的市场份额。

由于LED照明应用普及已是大势所趋，LED厂商将先从最适合LED光源特性发挥的特种市场导入，如辅助照明、专业照明、户外照明、建筑照明、商业照明等，再逐步拓展到一般家用照明市场。

图6-2所示为使用2.3万个LED灯具的上海世博会中国馆。

图6-2　上海世博会中国馆

2．太阳能光伏技术

美国贝尔实验室早在1954年就已经开发出太阳能电池，但直到20世纪70年代爆发能源危机后，太阳能电池才逐渐被运用到民生上。相比其他常见的发电方式（火力、水力和核能），太阳能发电的成本价格偏高，一些发达国家都制定了相关政策以鼓励民众使用，如图6-3所示为两种太阳能电池。

（a）可旋转太阳能电池板　　　　　　　（b）屋顶太阳能电池

图6-3　两种太阳能电池

（1）德国的太阳能光伏产业

德国是全球太阳能光伏应用最为先进的国家。德国政府早在2000年4月即通过EEG法案（再生能源法），规定了对太阳能光伏发电上网电价进行补贴的方式，以支持太阳能光伏产业的发展。此后，德国政府在2004年、2009年对EEG法案进行修正，掀起了该国近几年来光伏产业轰轰烈烈的发展。表6-1所示为2003—2016年德国光伏发电装机容量，图6-4所示为其柱状图。

表 6-1　2003—2016 年德国光伏发电装机容量（资料来源：德国联邦环境部）　　单位：MW

年份	2003	2004	2005	2006	2007	2008	2009	2010	2011	2012	2013	2014	2015	2016
累计装机容量	408	1018	1881	2711	3811	5311	9111	14111	21511	29145	32445	34335	35615	40410
新增装机容量	150	610	863	830	1100	1500	3800	5000	7400	7634	3300	1890	1280	4795
年增长率	88%	307%	41%	-4%	33%	36%	153%	31%	48%	2.7%				274%

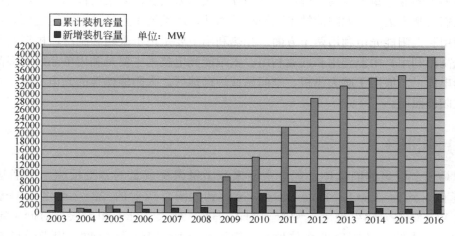

图 6-4　2003—2016 年德国光伏发电装机容量柱状图

　　由于德国在太阳能光伏方面发展的卓越成效，全球各主要国家纷纷学习，制定相关支持奖励政策，见表 6-2。

表 6-2　全球主要国家推行太阳能光伏的奖励政策

区　域	国　家	电价买回	财政补助	税收优惠	低息贷款
欧洲	德国	●	●		●
	荷兰	●		●	●
	葡萄牙	●	●		●
	西班牙	●			●
	英国				
美洲	美国	●	●	●	●
	加拿大		●		●
亚洲	中国	●	●		●
	日本		●		
	韩国			●	●

（2）我国的太阳能光伏产业

　　我国光伏产业发展最早是为了解决边远地区的用电问题，主要采取的措施有项目补贴、用户补贴和工程补助等。早在 1996—2000 年期间，我国在西藏地区建立 10 多座光伏电站，为西藏无电县城解决照明等主要生活用电问题。进入 21 世纪以来，随着传统能源

163

价格的上涨，环保呼声越来越高，我国于 2006 年 1 月开始实施《可再生能源法》。2009 年 3 月，财政部发布了《太阳能光电建筑应用财政补助资金管理暂行办法》，规定对 50kW 的建筑光伏系统，给予 20 元/W 的一次性补贴，这是国内正式出台的"太阳能屋顶计划"。此外，国务院还通过了《国家可再生能源中长期发展规划》，规划出 2010—2020 年可再生能源的发展目标。

（3）太阳能建筑

最初的太阳能建筑为我国 20 世纪 50、60 年代的太阳房，多采用被动技术，通过被动设计满足人们的基本需求，太阳能技术除被动技术外，还发展了主动技术，这主要表现在太阳能光热利用和太阳能光电利用两个方面。光热利用主要是用于采暖和制冷，根据利用温度的高低分为高温利用、中温利用和低温利用。太阳能光电技术主要是利用单晶硅或多晶硅将光能转化为电能，一般用于航天飞机、空间站或边远地区。太阳能建筑的光电利用，主要是用来实现太阳能照明。

知识拓展

太阳是一个巨大的能量体，能量主要来源于氢聚变成氦的聚变反应，产能功率（每秒产生能量）约为 $3.8×10^{23}$kW。地球只接收到太阳总辐射的 22 亿分之一，但也有约 $1.7×10^{14}$kW。这部分辐射被大气吸收的约占 23%，被大气分子和尘埃反射回宇宙空间的约为 30%，剩下约占 47%能够到达地面，约为 $8.1×10^{13}$kW，这个数字相当于目前全世界发电量的几十万倍。太阳每年投射到地球的辐射能为 $6×10^{17}$kW·h，相当于 74 万亿吨标准煤。按目前太阳的质量消耗速率计，可维持 600 亿年，所以可以说它是"取之不尽，用之不竭"的能源。

太阳能既是一次性能源，又是可再生能源，既清洁又安全，在开发与利用过程中没有废渣、废料，不会给环境造成污染。它资源丰富，无论陆地或海洋、沙漠或草地都可就地取用，既可免费使用，又无须运输，具有常规能源不可比拟的优点。

3．显示技术

21 世纪以来，显示技术创造了一个飞越式的发展。液晶技术、等离子技术开始全面淘汰传统显示设备，促使计算机、平板电视（见图 6-5）在普通家庭得到普及；城市里随处可见的大型 LED 户外显示屏（见图 6-6）提供了强大的展示能力。在我们还未适应现代显示技术的快速普及时，它仍在以高速的脚步向前发展，不断以新的形态向我们展现。

（1）液晶显示

液晶显示正从传统的 CCFL 背光向着"更高亮度，更低功耗，更长寿命"的 LED 背光发展。在各大电视厂商的推动下，近年来 LED 背光液晶电视正在快速普及，由于 RGB LED 使用的芯片较多，导致成本较高，因此目前市场上 LED 背光电视使用的背光源多为白光 LED。2010 年韩国三星电子开发出了功耗仅为 6.3W 的 18.5 英寸液晶显示器，如图 6-7 所示，只需以 USB 2.0 连接线连接供电。

图 6-5　一款液晶电视

图 6-6　户外全彩 LED 显示屏

（2）LED 显示

LED 显示屏按其颜色基色可分为单色、双色、全彩三种，按使用场合可分为室内和室外两种。其中，室外 LED 显示屏的特点是可在阳光下工作，具有防风、防雨功能。目前，由于 LED 显示屏造价昂贵，主要应用于城市的繁华地带、公共场所等人流量大的区域。

在 2010 年上海世博会上世博文化中心内的 LED 全彩显示屏，显示面积达 500m²，像素高达 1 380 万，可清晰展现细腻的皮肤感觉，号称世界第一的单体高密度显示屏。

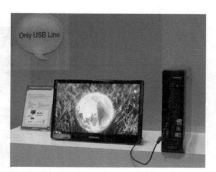

图 6-7　仅用 USB 2.0 供电的显示器

4．光通信技术

在 20 世纪 70 年代国外的低损耗光纤获得突破以后，我国开始了低损耗光纤和光通信的研究工作，并于 20 世纪 70 年代中期研制出低损耗光纤和室温下可连续发光的半导体激光器。1979 年分别在北京和上海建成了市话光缆通信试验系统，这比世界上第一次现场试验只晚两年多。这些成果成为我国光通信研究的良好开端，并使我国成为当时少有的几个拥有光缆通信系统试验段的国家之一。到 20 世纪 80 年代末，我国光纤通信的关键技术已达到国际先进水平。

从 1991 年起，我国已不再建长途电缆通信系统，而大力发展光纤通信。在"八五"期间，建成了含 22 条光缆干线、总长达 33000km 的"八横八纵"大容量光纤通信干线传输网。1999 年 1 月，我国第一条最高传输速率的国家一级干线（济南—青岛）8×2.5Gb/s 密集波分复用（DWDM）系统建成，使一对光纤的通信容量扩大了 8 倍。

近几年来，光通信技术基本已经成熟，但业务需求相对不足。以被誉为"宽带接入最终目标"的光纤到户（FTTH）为例，其实现技术已经完全成熟，但由于普通用户上网需要的带宽不高，使 FTTH 只局限于一些试点地区。直到 2006 年，随着交互式网络电视（IPTV）等业务的开展，运营商提供的带宽已经不能满足用户对高清晰电视的要求，随之 FTTH 的部署也提上了日程。

2008 年，中国电信提出"光进铜退"战略，改变原有以铜缆接入为主的建设模式，将光纤（见图 6-8）尽可能向用户端延伸，城市地区新建小区光纤到楼，农村宜采用有线方式建设的地区光纤到行政村，在合适的时机再推广光纤到户的建设，如图 6-9 所示为一种光纤到户解决方案。

图 6-8　光纤

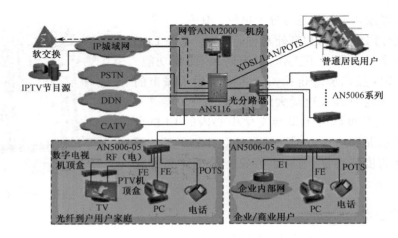

图 6-9　一种光纤到户解决方案

6.2　光电技术的发展趋势

当今世界光电技术呈现出以下发展趋势。

①　照明技术主要朝着节能、环保的半导体照明方向发展。除了满足照明需求外，还将向建筑、城市夜景等景观方向发展。

②　太阳能光伏技术将不断提高光电转换效率、降低成本，并在各国政府的政策支持下实现持续 10～20 年的高速发展，特别是最新薄膜光伏（TFPV）技术的更进一步发展，使用于制造薄膜式电池的材料消耗较少，新生产工艺的出现，包括 roll-to-roll（高效能、低成本的连续生产方式）和印刷技术，又使成本进一步下降。在不久的将来最新薄膜光伏（TFPV）技术的效率将显著提升，其性能也将提升，将会创新出更多新的应用，未来太阳能光伏增长最快的很可能是消费电子和住宅市场。

③　显示技术向真彩色、高分辨率、高清晰度、大屏幕和 3D 立体化方向发展。随着近年来 3D 电影的不断上映，3D 电视也成为了目前发展的趋势。

④　光通信技术向超大容量、高速率和全光网络方向发展。超大容量 DWDM 的全光网络将成为主要的发展趋势。全球尤其是国内光通信行业的发展将因 3G、光纤接入、三网融合等因素的推动处于一个 5～10 年的景气期。

⑤　光电技术除涉足农业、医疗等传统产业外，而且还搭上了物联网与车用光电的跨领域

列车。

⑥ 2021 年俄罗斯莫斯科大学科研人员开发出一种独特的、可以轻松控制太赫兹(10^{12}Hz)光波的二氧化钒光电子材料。未来从运输安全到食品质量控制等领域，新材料将得到广泛应用。太赫兹光波已应用于机场和车站行李箱安检扫描，下一步将应用于建筑材料、药品和食品的质量监控，太赫兹光波是未来 6G 通信网络的基础。二氧化钒光电子材料能够选择性吸收太赫兹波的物质，二氧化钒是一种有前途的材料，在 68℃的温度下，能从金属变成电介质，可以将二氧化钒用于控制太赫兹光波的超快光学开关，快速打开和关闭太赫兹信号。

⑦ 2022 年 1 月 20 日，我国最高分辨率民用遥感卫星交付使用，国家航天局在京举办高分辨率多模综合成像卫星（以下简称高分多模卫星）投入使用仪式。利用高分多模卫星 0.5 米分辨率全色、2 米分辨率多光谱数据产品，可进一步满足大比例尺国土调查与测绘、重点区域自然资源遥感监测、灾害风险与应急监测、农业资源调查、生态环境精细化监测、生态保护红线监管、城市精细化管理、森林和草原动态监测与评估等领域对高精度遥感数据的迫切需求。

一起看——
光电技术闪耀
北京冬奥会

思考与练习 6-1

（1）LED 灯泡比起传统灯泡最明显的优点是_____和_____。

（2）目前世界各国对推行太阳能光伏的积极政策主要有_____、_____、_____和_____。

（3）LED 显示屏按其颜色基色可分为_____、_____和_____三种，按使用场合可分为_____和_____两种。

（4）2008 年，中国电信提出_____战略，改变原有以铜缆接入为主的建设模式，将光纤尽可能向用户端延伸。

（5）简述光电技术的发展趋势。

项目小结 ▶ --

在照明方面，LED 灯正在逐渐取代传统白炽灯、节能灯。LED 灯泡相比传统灯泡最明显的优点是能耗低和寿命长。

我国于 2006 年 1 月开始实施《可再生能源法》，促进太阳能光伏产业发展。

21 世纪以来，液晶技术、等离子技术开始全面淘汰传统显示设备；城市里随处可见大型 LED 户外显示屏。

光电技术呈现出以下发展趋势：照明技术主要朝着节能、环保的半导体照明方向发展；太阳能光伏技术将不断提高光电转换效率、降低成本；显示技术向真彩色、高分辨率、高清晰度、大屏幕和 3D 立体化方向发展；光通信技术向超大容量、高速率和全光网络方向发展。

自我评价

项 目	目标内容	存在问题	掌握情况	收获大小
知识目标	学习光电技术的发展现状			
	了解光电技术的发展趋势			

参 考 文 献

[1] 邓大鹏等. 光纤通信原理. 北京：人民邮电出版社，2003.

[2] 袁国良，李元元. 光纤通信简明教程. 北京：清华大学出版社，2006.

[3] 尹树发，张引发. 光纤通信工程与工程管理. 北京：人民邮电出版社，2005.

[4] 宣桂鑫. 普通高中课程标准实验教科书 物理选修 2-3. 北京：人民教育出版社，2005.

[5] 张维善. 普通高中课程标准实验教科书 物理选修 3-4. 北京：人民教育出版社，2005.

[6] 倪星元. 光电子技术入门. 北京：化学工业出版社，2008.

[7] 杨成伟. 教你检修液晶显示器. 北京：电子工业出版社，2009.

[8] 刘午平，刘建清. 液晶彩色显示器易修精要. 北京：人民邮电出版社，2008.

[9] 王臻. 激光基础. 北京：科学出版社，2005.

[10] 唐剑兵等. 光电技术基础 [M]. 成都：西南交通大学出版社，2006.

[11] 梅遂生等. 光电子技术：信息装备的新秀 [M]. 北京：国防工业出版社，2004.

[12] 高鸿锦，董友梅. 液晶与平板显示技术 [M]. 北京：北京邮电大学出版社，2007.

[13] 黄勇. PDP 的原理和维修 [EB OL]. http://www.tv160.com/tvnews/tvjczs/tvflsh/pdpranli/200709/ 60049. htm,2006.3.

[14] 王颖，唐南. 激光的前世今生 [M]. 重庆：重庆大学出版社，2009.

[15] 纪红. 红外技术基础与应用 [M]. 北京：科学出版社，1979.

[16] 张建奇，方小平. 红外物理 [M]. 西安：电子科技大学出版社，2004.

[17] 邝少平. 2009 年全球光伏产业发展研究报告 [EB OL]. 百度文库，2009.6.